zag863

LE CIEL

Notions élémentaires et pratiques

DE LA SPHÈRE CÉLESTE

PAR

M. BONNASSIES

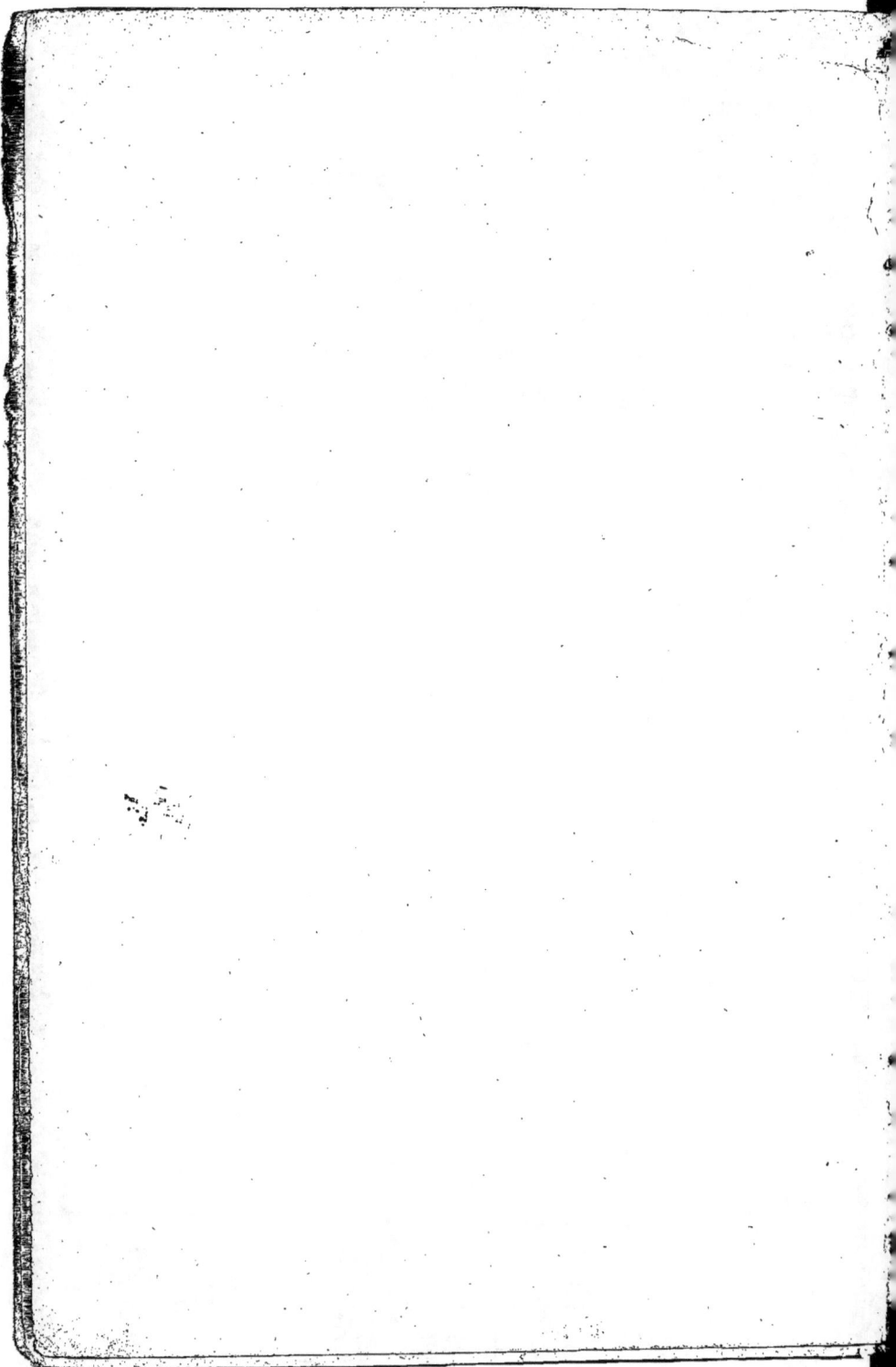

LE CIEL

NOTIONS ÉLÉMENTAIRES ET PRATIQUES

SUR LA SPHÈRE CÉLESTE

LES APPARENCES DES ASTRES VISIBLES A L'ŒIL NU

ET LEURS MOUVEMENTS

comprenant

LES NOTIONS NÉCESSAIRES POUR APPRENDRE A CONNAITRE SEUL ET SANS MAITRE

LES CONSTELLATIONS DU CIEL VISIBLE

A TOUTES ÉPOQUES DE L'ANNÉE

**Extrait des Leçons d'Astronomie élémentaire professées
à l'Association philotechnique, Section de Corbeil,
pendant l'année 1863-64**

PAR

M. BONNASSIES

DOCTEUR EN MÉDECINE

PROFESSEUR D'HYGIÈNE, D'ASTRONOMIE ET D'HISTOIRE NATURELLE
DE L'ASSOCIATION PHILOTECHNIQUE.

CORBEIL

TYPOGRAPHIE ET STÉRÉOTYPIE DE CRÉTÉ

—

1864

CORBEIL. — Typographie de CRÉTÉ.

LE CIEL

I

DES CONSTELLATIONS EN GÉNÉRAL.

Si, placé dans un lieu découvert et dans des conditions qui permettent d'apercevoir librement le ciel étoilé d'une belle nuit, vous jetez vos regards autour de vous, *la terre* vous apparaît comme un vaste *disque rond et plat dont vous occupez le centre; le ciel* comme une *calotte hémisphérique (fig.* 1) surplombant le disque de la terre et parsemé de corps brillants de natures diverses, appelés *astres.* Sans doute, il n'y a là qu'une *apparence* trompeuse. La terre, quoique ronde et sphérique, nous semble plate à cause de son immensité par rapport à notre taille; le ciel nous apparaît sous forme de demi-sphère *limitée*, dont nous semblons occuper le centre, parce qu'en réalité le ciel a des dimensions sans limites, et que, placés en quelque point que ce soit de cet espace sans bornes, nous paraissons en occuper le point central *(fig.* 1). Cependant, ne considérant dans la suite de cette étude que les *apparences*, nous regarderons les astres comme s'ils étaient attachés à une voûte hémisphérique de grandeur déterminée, quoiqu'ils soient en réalité libres dans un espace infini.

Une distinction est d'abord à faire, qui nous rendra l'étude plus facile.

Certains astres, appelés *étoiles*, sont dans des conditions telles que nous ne les voyons jamais changer leurs rapports de position; ils forment entre eux des assemblages séparables même en figures de formes déterminées, et qui nous apparaissent toujours identiques. A ce compte, ces astres sont regardés comme *fixes*. D'autres astres, au contraire, le soleil, la lune; quelques autres, ayant apparence d'étoiles, planètes, comètes, étoiles filantes, semblent changer de position dans l'espace *par rapport aux étoiles*. Il est facile de s'assurer de ce fait sur la lune, par exemple, qui nous apparaît à quelques jours d'intervalle en rapport de position variable relativement aux étoiles qu'il'avoisinent. Ces astres sont dits *errants*. Cette distinction faite, occupons-nous en premier lieu des *étoiles* ou *astres fixes*. Une circonstance qui frappe l'observateur, c'est que ces corps *fixes*, si on les considère *dans leurs positions relatives*, sont en réalité *mobiles*, mais *d'un mouvement d'ensemble* qui les porte tous à la fois dans un certain sens. Si, par une belle nuit, vous tournez vos regards vers la région du ciel où le soleil se lève, et qu'on nomme *orient* ou *levant*, vous verrez successivement les étoiles surgir au bord du disque terrestre, s'élever au-dessus, puis disparaître après un temps plus ou moins long en un point opposé, vers la région du ciel où le soleil se couche, *occident* ou *couchant*. En appelant *plan de l'horizon* le grand disque qui nous donne l'apparence de la terre dont le centre est en O (*fig.* 1), nous voyons que chaque étoile *se lève*, c'est-à-dire surgit au-dessus de l'horizon et *se couche*, comme le soleil, la lune et tant d'autres astres. Sans doute encore ici, nous n'avons affaire qu'à une apparence ; ce mouvement ne provient en réalité que du mouvement même de la terre sur elle-même, de notre changement de lieu dans l'espace ; mais, nous en tenant aux seules apparences, il n'en est pas moins vrai que les étoiles se lèvent et se couchent.

On peut remarquer aussi qu'elles forment entre elles des figures qui, tout inconnues qu'elles soient, se fixent dans la pensée par la mémoire des yeux, de façon qu'il est facile de reconnaître ou de retrouver telle ou telle étoile qu'on a vue la veille ou antérieurement. S'appliquant ainsi à reconnaître ces astres, il est facile de se convaincre que ces étoiles que vous avez vues *se lever* un jour *vers un certain point* du ciel *se lèvent* le lendemain *vers ce même point*, quoique disparues la veille du côté opposé ; il était naturel de penser qu'elles repassaient alors *sous le plan de l'horizon*, pour revenir après un jour au point de départ, accomplissant au-dessous un trajet semblable et inverse. Les étoiles, ainsi considérées et mues d'un mouvement d'ensemble, peuvent donc être regardées comme attachées à une *sphère complète* (*fig.* 2) (et non plus à une calotte hémisphérique), et l'on doit supposer cette sphère les entraînant toutes dans un mouvement d'ensemble s'exécutant autour d'un axe qui passe par le point O : c'est en effet ce qu'on appelle le *mouvement de rotation ou de révolution diurne de la sphère céleste*, et l'on voit que cette sphère est placée moitié au-dessus du plan de l'horizon, moitié au-dessous, et qu'ainsi ce plan la coupe en deux parties égales, dont l'une est visible tandis que l'autre est invisible. On doit bien penser que la partie invisible est autant semée d'étoiles que la partie visible ; mais si le mouvement dont nous parlons s'accomplit dans l'espace d'un jour et d'une nuit, nous ne voyons toutefois les étoiles que la nuit. Il est cependant certain que le ciel de jour porte des étoiles comme le ciel de nuit ; car lorsque le soleil se lève, nous voyons les étoiles qui garnissent la voûte céleste, non pas disparaître, mais *pâlir par l'éclat des feux du soleil ;* aussitôt que le soleil est couché, nous voyons les étoiles qui occupent l'hémisphère visible *apparaître*, la présence seule du

Fig. 1.

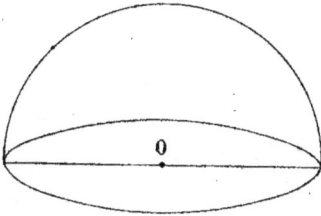

Fig. 2

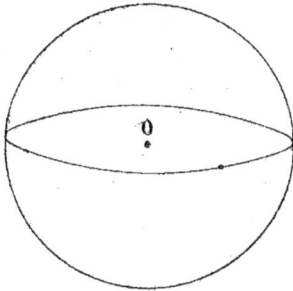

Fig 3

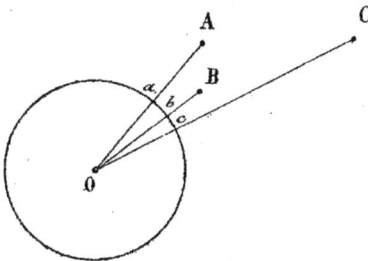

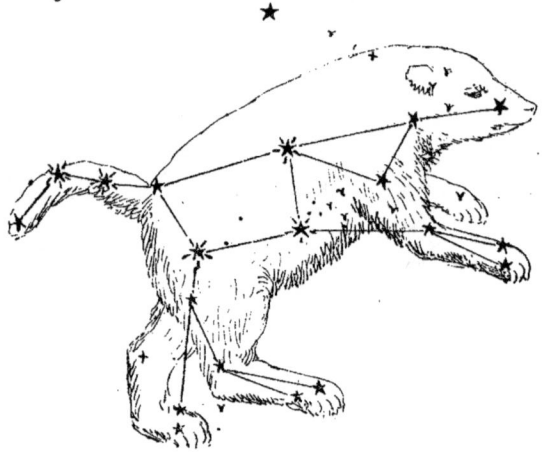

Fig. 4.

Constellation de la Grande Ourse

☀ Etoiles de 2ᵉᵐᵉ Grandeur
★ _____ 3ᵉ _____
+ _____ 4ᵉ _____
Y _____ 5ᵉ _____
. _____ 6ᵉ _____

Fig. 5.

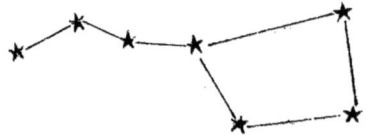

soleil nous ayant empêché de les apercevoir. Ces étoiles de jour, il est du reste donné de les voir soit avec des lunettes, soit à l'œil nu même, au moment des éclipses de soleil. Il va sans dire que l'existence de la sphère céleste n'est aussi qu'une apparence ; les étoiles sont vraisemblablement placées à des distances fort différentes. Par exemple, trois étoiles seront en A, en B, en C (*fig.* 3) ; mais si, autour du centre O, point d'observation, nous figurons une sphère de grandeur considérable, mais définie, nous pouvons supposer que les étoiles A, B, C, se reportent sur les points *a, b, c ;* pour nous, l'apparence est la même.

Ceci nous conduit à dire, cependant, que si les étoiles ne nous paraissent pas également brillantes, cela tient à leur degré d'éloignement différent ; du moins c'est la principale cause. On les a classées en étoiles de différentes *grandeurs :* on a appelé les plus brillantes, étoiles de *première grandeur ;* celles qui viennent après, étoiles de *deuxième grandeur*, de *troisième, quatrième*, etc., etc..... grandeur. Et ce terme de *grandeur* n'est encore appliqué ici qu'à l'apparence, sans rien préjuger sur la réalité.

Les étoiles des six premières grandeurs sont visibles à l'œil nu, mais il existe des étoiles jusqu'à la *seizième grandeur*, qui ne sont visibles que par l'emploi des lunettes et des télescopes. Le nombre des étoiles de première grandeur est de 15 à 20 ; de deuxième grandeur, de 50 à 60 ; de troisième, de 200 environ ; puis ce nombre augmente rapidement. La septième grandeur compte 13,000 étoiles environ ; la huitième, 40,000 ; la neuvième, 140,000, etc. On voit que le nombre croît progressivement au fur et à mesure que les étoiles sont de grandeurs plus petites, c'est-à-dire plus éloignées, ce qu'il était facile de supposer.

Les étoiles forment entre elles une série de figures dont les séparations sont arbitraires ; mais ces figures, sous le nom de *constellations*, servent à reconnaître les différentes étoiles et à se rendre compte de leurs positions. Ces compartiments arbitraires du ciel renferment un plus ou moins grand nombre d'étoiles de *toutes grandeurs*, mais vulgairement on leur assigne une forme, une figure qui répond seulement à la disposition des étoiles les plus visibles. Ainsi, dans la région du nord, existe une constellation, celle de la *Grande Ourse ;* suivant le degré de finesse de la vue, on pourrait y apercevoir, à ce que l'on dit, de 29 à 73 étoiles, mais en réalité on ne distingue facilement que les étoiles qui figurent sur la carte (*fig.* 4).

Mais on indique souvent cette constellation par les sept étoiles principales qui forment le corps et la queue, presque toutes de deuxième grandeur, ainsi que le montre la figure 5.

On voit sur la figure 4 la silhouette d'une ourse, parce qu'en effet les anciens avaient imaginé dans les constellations célestes des figures toutes arbitraires d'hommes et d'animaux, qui servaient à les désigner. De là leurs noms ordinaires de Grande Ourse, Petite Ourse, Serpent, Hydre,

Dragon, Orion, Hercule, Bouvier, etc.; de là aussi la désignation de certaines étoiles par la place qu'elles occupent dans ces figures *imaginaires* : étoiles de la queue de la Grande Ourse, cœur de l'Aigle, œil du Taureau, épi de la Vierge, pied gauche d'Orion, etc.

Revenons au *mouvement de la sphère céleste*. Ce mouvement doit s'exécuter *autour d'un axe*, essieu invisible qui ne change pas sensiblement de situation dans l'espace, puisque la sphère nous apparaît semblable à elle-même tous les jours, et qu'à de très-petites différences près, elle avait les mêmes apparences pour les anciens. Il ne faut pas s'attendre à trouver un *axe matériel*, puisqu'en réalité le mouvement n'est qu'apparent, mais il importe toutefois de déterminer la *direction* et la *position* de cet *axe fictif*.

Au premier abord, on pourrait le supposer couché sur le plan de l'horizon. En effet, imaginons l'observateur placé au sommet d'une tour munie d'un petit mur circulaire à la hauteur des yeux et formant *observatoire ;* admettons qu'on ait marqué sur le rebord de la tour les points A, B, C, D, E... (*fig.* 6), où paraissent *se lever* certaines étoiles, et aussi les points A', B', C', D', E'..., où ces mêmes étoiles paraissent *se coucher ;* il semblerait qu'une ligne MN, perpendiculaire commune aux droites AA', BB', CC', DD', EE'..., serait l'axe de rotation de ces étoiles, car les différents points de cette ligne étant placés à égale distance des points A et A', B et B', C et C', D et D', E et E', elle semble ainsi passer par les centres des cercles de rotation stellaire. Il n'en est pas ainsi, comme nous allons le voir ; toutefois cette ligne MN était importante à connaître : c'est la *méridienne du lieu d'observation* O ; elle répond à deux points opposés du plan de l'horizon, l'un appelé *nord* (M), que l'on a en face de soi quand on a à sa droite la région où les étoiles se lèvent (*orient*), à gauche celle où elles se couchent (*occident*), l'autre appelé *sud* (N) est opposé au point nord.

On s'aperçoit toutefois que cette ligne méridienne ne peut pas être considérée comme une portion de l'axe de rotation des étoiles, car si l'on tourne ses regards vers le nord et qu'on considère la région du ciel qui correspond à ce point, on y aperçoit des étoiles *qui ne se lèvent ni ne se couchent jamais ;* elles ne peuvent donc, celles-ci, se mouvoir autour d'une ligne MN couchée dans le plan de l'horizon. Par exemple, les sept étoiles qui composent la partie la plus apparente de la constellation de la Grande Ourse sont de ce nombre. Si nous les observons à certains moments d'une nuit claire, nous les verrons disposées de la manière suivante : par exemple, sur le soir, dans la position A (*fig.* 7) ; sur le matin, dans la position B ; et comme elles reviennent les soirs suivants à la position A, elles ont dû prendre pendant le jour, d'une manière invisible, à cause de l'éclat du soleil, les positions intermédiaires C et D. La Grande Ourse semble donc tourner autour d'un point P, intérieur à ces

Fig. 6.

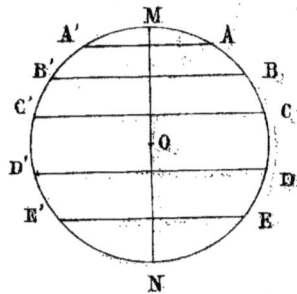

Fig. 7.

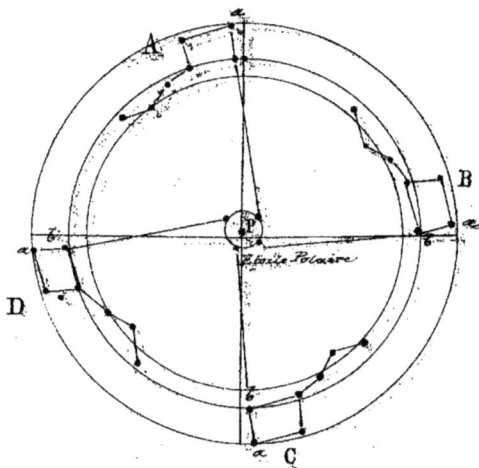

Etoile Polaire

Fig. 8.

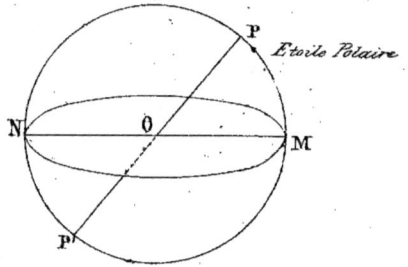

Etoile Polaire

N   0   M

P

P'

Fig. A

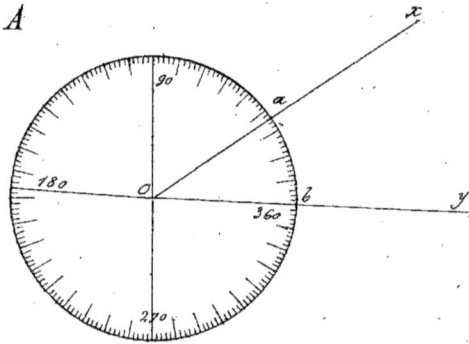

x

90

a

180   O   b   y

360

270

quatre positions (*fig.* 7) ; mais comme, selon toute vraisemblance, *toutes les étoiles tournent autour d'un même axe*, il suffira de déterminer la position précise de ce point pour connaître l'axe cherché. — En effet, cet axe passe d'autre part par le centre O de l'horizon, ou par l'œil même de l'observateur, ce qui donne deux points pour la détermination de la ligne droite cherchée. Si le point P était visible dans le ciel, s'il était occupé, par exemple, par une étoile immobile, l'axe se trouverait être d'une détermination plus facile, mais en réalité il n'y a point d'étoile visible au point P. Toutefois, si l'on fait passer une ligne fictive par les deux étoiles *a b* de la Grande Ourse (les deux étoiles qui, dans le quadrilatère, forment le côté opposé à la queue), cette ligne vient bientôt rencontrer une étoile assez brillante appelée l'*étoile polaire*. Elle est, en effet, fort voisine du point P, et accomplit autour de ce point un très-petit cercle ; cette étoile détermine, au moins approximativement, le point P. Réunissons donc par la pensée le centre de cette étoile au centre O du plan de l'horizon, nous voyons que cette ligne OP n'est plus couchée mais *inclinée* sur ce plan, et nous pourrons apprécier la valeur de cette inclinaison par la mesure de l'angle POM (*fig.* 8) que cette ligne PO forme avec la méridienne du lieu. Cet angle a été trouvé égal à *quarante-huit degrés, cinquante minutes, quarante-neuf secondes*, ce qui, d'après la notation adoptée, s'écrit : 48° 50′ 49″ (1).

Ainsi donc : *La sphère céleste tourne tout entière autour d'un axe invisible dirigé suivant une ligne droite qui, passant par le centre du plan de l'horizon dans le lieu d'observation, perce la voûte céleste en un point élevé au-dessus de cet horizon d'un angle de 48° et une fraction.*

(1) Qu'appelle-t-on degré ? Si nous supposons une circonférence de cercle *quelconque* partagée en 360 parties égales, chacune de ces portions est *un degré*. Le degré est l'unité de *mesure angulaire*, comme le mètre est l'unité de mesure linéaire. Comme le mètre, le degré a ses sous-multiples : chaque degré est divisé en 60 parties égales, appelées *minutes ;* chaque minute en 60 parties égales, appelées *secondes*. Dans les observations astronomiques on pousse l'approximation jusqu'à l'évaluation de dixièmes et centièmes de secondes ; mais on voit que le degré n'est pas comme le mètre ou ses sous-multiples *une longueur fixe et déterminée ;* il est plus grand, s'il se compte sur une circonférence plus grande ; plus petit, s'il se compte sur une circonférence plus petite. Il ne peut en cet état servir qu'à l'appréciation des mesures angulaires. Si nous voulons savoir quelle est la valeur de l'*angle* que forment entre elles deux lignes indéfinies OX OV, qui se coupent au point O (*fig.* A), c'est-à-dire si nous voulons connaître la mesure de *leur écartement,* nous supposerons que du point O, pris pour centre, on a tracé une circonférence quelconque qui coupe ces droites sur les points *a* et *b ;* et si cette circonférence est divisée en 360 parties égales, la valeur de l'angle sera donnée par le nombre de ces parties comprises entre *a* et *b*, c'est-à-dire en degrés. Quelle que soit la grandeur du rayon de la circonférence, le nombre de ces parties sera toujours le même, si l'écartement des lignes ne change pas. Si un nombre de degrés juste n'entre pas dans la mesure, il reste une fraction qu'on évalue en minutes, secondes, etc., par l'application de certains moyens de précision. Un angle de 48° 50′ 49″ est donc celui qui contiendrait dans l'écartement des lignes droites qui le constituent, 48° divisions entières, plus une fraction de 50 minutes et 49 secondes.

De plus, il est naturel d'admettre que cet axe se prolonge de l'autre côté du plan de l'horizon, et qu'après l'avoir traversé au point O (*fig.* 8), il perce la sphère en un point P', opposé au point P. Tel est *l'axe du monde*, autour duquel s'opère la *révolution diurne ;* P et P' sont appelés les *pôles du monde.* La direction et l'inclinaison de cet axe ont été déterminées par des opérations astronomiques précises, et l'on peut, à l'aide d'un instrument de facile construction, arriver soi-même à vérifier la réalité des faits énoncés plus haut.

AB (*fig.* 9) est une tige de fer roulant librement dans deux mortaises et inclinée de 48°, etc., sur l'horizontale HH'; vers son milieu est fixée une lunette (ou un simple tuyau noir propre à diriger le rayon visuel) pouvant tourner librement autour de son centre O, en décrivant le cercle pointillé. D'autre part, l'axe AB, roulant dans ses gonds A et B, on voit que la lunette LL', à l'aide de ce double mouvement, peut se diriger vers tous les points du ciel.

Orientons d'abord l'instrument de manière que son axe AB, prolongé de part et d'autre, perce la sphère céleste aux points P et P', pôles du monde. Dirigeons alors la lunette dans une première position (n°1, *fig.* 10) telle qu'elle rencontre ainsi une étoile E, située dans la région où elles ne se couchent pas, une étoile de la Grande Ourse, par exemple; l'étoile étant placée dans l'axe de la lunette, fixons cette lunette dans la position qu'elle occupe à l'aide d'une vis d'arrêt. Faisant alors tourner sur ses pivots l'axe AB, qui entraîne dans son mouvement la lunette qui lui est attachée, l'observation nous montrera que si l'on règle le mouvement de la tige AB sur le mouvement de révolution diurne, l'étoile E restera constamment dans l'axe de la lunette tout le temps qu'elle sera visible. Cependant la lunette a décrit un cône, et le rayon visuel qui en émane a décrit ce même cône prolongé, qui coupe la sphère céleste suivant un cercle EE', perpendiculaire à l'axe AB prolongé, perpendiculaire en un mot à l'axe du monde POP'.

Dirigeons ensuite la lunette dans une autre position (n° 2) telle qu'elle puisse rencontrer une des étoiles F, qui se lèvent et se couchent, nous nous assurerons encore que, depuis son lever jusqu'à son coucher, l'étoile est suivie par la lunette fixée dans sa position et se mouvant seulement avec l'axe AB. Après le coucher de l'étoile, reportons la lunette par le mouvement de l'axe jusqu'au point où le rayon visuel affleure l'horizon; à la nuit suivante, l'étoile F reviendra se placer dans l'axe de la lunette; donc elle décrit le cercle FF', perpendiculaire à l'axe du monde. Il en sera de même pour une étoile G, visée par la lunette dans une position (n° 3) perpendiculaire à l'axe AB; la lunette, en suivant le mouvement de l'étoile, décrira un cercle, et le rayon visuel qui en émane décrira sur la sphère le cercle GG', qui est la route suivie par l'étoile G. L'étoile I, visée par la lunette dans la position (n° 4), ne sera visible sur l'horizon que

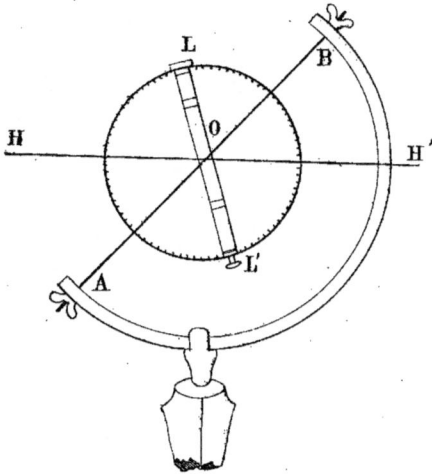

Fig. 9.

Fig. 10.

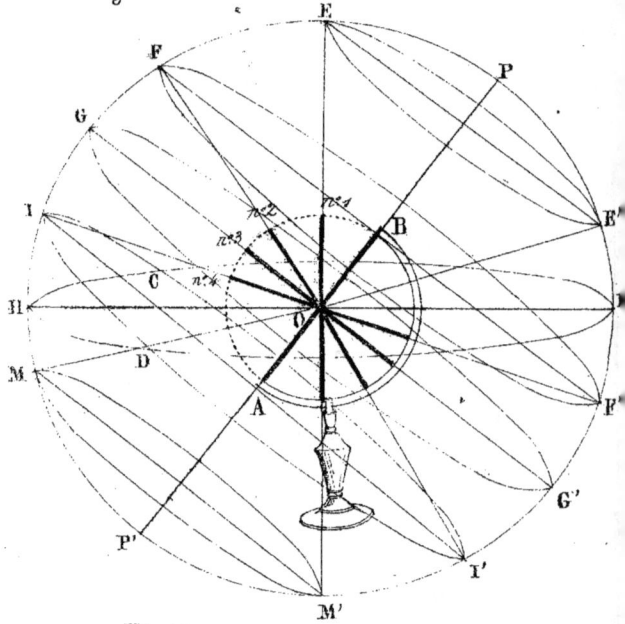

Fig. 11.

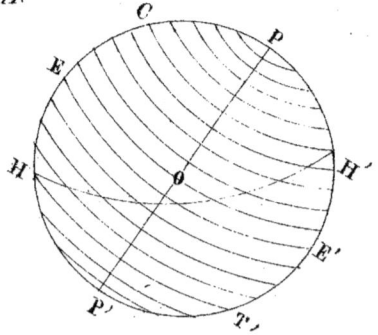

Lith. Goyer, 7 P. Dauy

pendant un temps assez court; mais, à chaque lever, elle se représentera dans l'axe de la lunette, et son parcours inférieur DI'C est ainsi démontré, quoiqu'invisible. Ne voit-on pas par ces expériences que, si la sphère céleste est semée d'étoiles placées dans une région MP'M', inférieure à l'horizon HH', ces étoiles seraient pour nous complétement *invisibles*. Une étoile M n'en tournerait pas moins dans un cercle MM', perpendiculaire à l'axe PP', mais invisiblement pour nous. Ces étoiles, dites de *perpétuelle occultation*, existent pourtant, et l'on a pu s'en assurer par les voyages entrepris en d'autres lieux de la terre où l'horizon est changé pour l'observateur. L'instrument dont j'ai parlé, rudiment de l'*équatorial*, est donc propre à démontrer que *le mouvement de toutes les étoiles visibles ou invisibles s'effectue dans des cercles perpendiculaires à l'axe du monde*. Si donc les étoiles, dans leur mouvement diurne, laissaient une trace visible de leur trajet, la sphère céleste aurait l'apparence reproduite dans la figure 11. Ces cercles, représentant la marche diurne des étoiles, s'appellent *parallèles célestes;* il y en a autant qu'il y a d'étoiles, mais habituellement on n'en peut figurer qu'un certain nombre, qu'on espace à des distances égales, de dix en dix degrés, par exemple. Il est facile de voir que l'un de ces cercles parallèles EE' est par sa position également éloigné des points P et P', pôles du monde : il est appelé *équateur céleste*, parce qu'il coupe la sphère en deux parties égales appelées *hémisphère nord* ou *boréal* EPE', *hémisphère sud* ou *austral* EP'E'. On voit encore que toutes les étoiles qui se meuvent au-dessus de CH', qui rase le plan HH' de l'horizon, sont perpétuellement visibles pour l'observateur placé au point O; ce sont les *étoiles de constante apparition*, et CH' le *cercle de constante apparition*. Toutes les étoiles, au contraire, placées au-dessous du cercle HT, qui rase aussi l'horizon en bas, sont pour le même observateur totalement invisibles; ce sont les *étoiles de perpétuelle occultation*, et HT le *cercle de perpétuelle occultation*. Enfin, les étoiles placées dans la *zone* intermédiaire CH'TH sont visibles pendant une fraction de leur révolution; elles sont dites étoiles d'*inconstante* ou d'*intermittente apparition*. Chaque jour elles se lèvent, passent au-dessus de l'horizon, se couchent, disparaissent au-dessous de l'horizon pour revenir à leur point de lever. Celles qui sont au-dessus de l'équateur (c'est-à-dire dans l'hémisphère nord) restent sur l'horizon pendant une portion plus longue de leur révolution; celles qui sont au-dessous (hémisphère sud), pendant une portion plus courte; celles qui marchent le long de l'équateur même restent au-dessus de l'horizon dans la moitié de leur révolution, au-dessous dans l'autre moitié.

L'équatorial est encore propre à d'autres observations, et nous pouvons par son secours compléter l'étude des *lois du mouvement diurne*.

Si l'axe AB est muni d'une aiguille RS se mouvant avec cet axe autour d'un cadran fixe MN, divisé comme tous les cercles en 360 parties égales (*fig.* 12), on pourra faire quelques observations sur les périodes de temps du mouvement diurne.

1° Si, à l'aide d'un instrument propre à *mesurer le temps*, tel qu'une horloge, on note *le temps* que met une étoile *pour revenir au même point du ciel*, c'est-à-dire *accomplir une révolution diurne totale*, et si on répète à plusieurs reprises cette observation, on pourra se convaincre qu'*elle emploie toujours des temps égaux pour accomplir sa révolution diurne*.

Toutes les étoiles marchent ensemble de telle sorte que, les unes, plus rapprochées du pôle, n'ayant qu'un petit cercle à accomplir, marchent plus lentement; les autres, éloignées du pôle, doivent se mouvoir avec plus de rapidité.

L'égalité des temps employés à cette révolution a donné l'idée de diviser le temps d'après cet intervalle toujours égal à lui-même : *la durée de la révolution diurne des étoiles s'est appelée jour sidéral*. Il a été partagé en 24 portions égales de temps, appelées *heures sidérales ;* chaque heure comprend *soixante minutes sidérales*, et chaque minute *soixante secondes*, etc., etc., divisions *du temps* qu'il ne faut pas confondre avec les divisions de la circonférence, malgré l'identité des termes.

Nous avons dit ainsi qu'une étoile employait 24 heures sidérales à accomplir le tour de la sphère céleste; nous n'avons pas dit que ces 24 heures sidérales représentaient *un jour ordinaire*. Le jour dont nous faisons usage dans nos relations civiles est aussi partagé en 24 heures (2 séries de 12 heures chaque), mais il se règle sur le soleil, et ce *jour* est *solaire* et non sidéral. Le soleil, comme nous le verrons, est chaque jour en retard sur les étoiles d'environ 4 minutes ; donc, pour avoir une horloge réglée sur le *temps sidéral*, il faut la faire retarder d'environ 4 minutes par 24 heures; on peut, au reste, à l'aide de quelques tâtonnements, régler une montre sur le mouvement sidéral, sachant qu'une étoile revient au même point du ciel après 24 heures sidérales ou 1 jour.

2° Si actuellement nous cherchons quel est le trajet accompli par une étoile pendant un temps donné, par exemple, en 1 heure sidérale, nous le pouvons connaître à l'aide de l'appareil de la figure 12. Ayant fixé une étoile avec la lunette, nous suivrons son mouvement pendant 1 heure sidérale; puis examinant de combien l'aiguille RS, qui se meut avec l'axe AB, s'est avancée de divisions sur le cercle fixe MN, nous constaterons qu'elle a parcouru 15°. L'heure sidérale suivante, l'étoile parcourra encore 15°, et ainsi de suite.

En un mot, la révolution diurne s'opère de telle sorte que l'étoile se meut à raison de 15 degrés d'angle par heure de temps, de 15 minutes d'angle par minute de temps, de 15 secondes d'angle par seconde de temps : ce qui montre que le *mouvement de la sphère céleste est uniforme*, c'est-à-dire que l'*étoile parcourt des distances égales en des temps égaux*.

Si l'on suppose chaque étoile située sur un grand cercle qui, coupant

Fig.12.

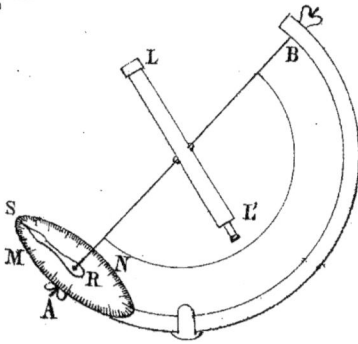

Fig.13.

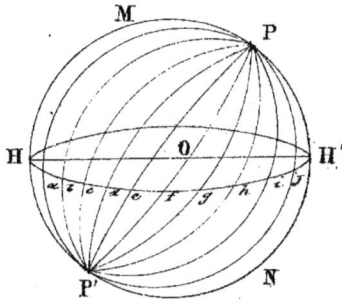

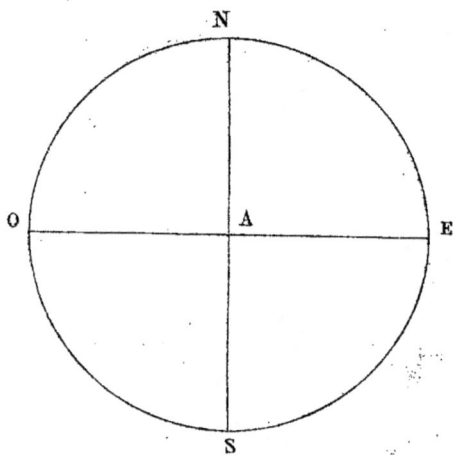

Fig. 14.

la sphère en deux parties égales, passe par les deux pôles du monde PP′ (*fig.* 13), chacun de ces cercles ainsi tracés s'appellera *méridien céleste*. On n'en figure généralement qu'un certain nombre, espacés, par exemple, de 15 en 15°; dans ce dernier cas, ces méridiens sont appelés *cercles* ou *méridiens horaires*, parce qu'on voit en effet que, par le mouvement diurne de la sphère, ces méridiens espacés de 15 en 15° viendront se remplacer successivement d'heure en heure. Parmi tous ces méridiens, il en est un qui prend le nom de *plan méridien vertical;* c'est celui qui tombe perpendiculairement sur le plan de l'horizon HH′, et coupe ce plan suivant la ligne HOH′, méridienne du lieu : c'est le plan PMHP′NH′. Cependant nous devons comprendre qu'il n'existe pas un plan méridien auquel soit spécialement attribuée l'épithète de *vertical;* si, par exemple la figure 13 représente des méridiens horaires, en vertu du mouvement diurne de la sphère, les cercles PaP′, PbP′, PcP′… etc., viendront d'heure en heure successivement s'appliquer sur le plan méridien vertical primitif PMHP′NH′, et le remplacer.

Si le cercle NE, SO (*fig.* 14) représente le *plan de l'horizon*, il est donc coupé par la ligne NS, dite *méridienne du lieu*, dont la direction dans le plan est déterminée par la situation des pôles du monde dans le plan méridien vertical qui s'élève sur cette ligne. On peut aussi la déterminer très-approximativement : 1° par la direction de l'aiguille aimantée d'une boussole; 2° par la ligne d'ombre d'une tige verticale plantée au point central A et éclairée par le soleil à *midi*. Cette ligne NS indique dans le plan de l'horizon deux points opposés : le premier N, tourné du côté du pôle boréal, s'appelle *Nord* ou *Septentrion;* le second S, tourné du côté du pôle austral, s'appelle *Sud* ou *Midi*. Les points O et E à angle droit sur les premiers sont : l'*Est* ou *Orient*, E qu'on a à sa droite quand on regarde le Nord; *Ouest* ou *Couchant*, O qu'on a à sa gauche. Tels sont les *points cardinaux*.

Il est venu de bonne heure à l'esprit des astronomes l'idée de représenter la sphère céleste à l'aide d'un appareil de faible dimension, qui permette d'embrasser d'un seul coup d'œil le détail et l'ensemble de la sphère. Si nous imaginons un globe de carton en forme de sphère, placé au centre d'observation, et si nous supposons que toutes les étoiles visibles et invisibles envoient vers le centre de ce globe, chacune un rayon lumineux qui en passant imprime une trace visible sur la surface du globe, nous verrons que ce globe nous représentera l'ensemble des étoiles; elles y formeront entre elles, en effet, des constellations ou figures qui reproduiront en petit ce qu'elles sont en grand sur la sphère du ciel. Aux points correspondants aux pôles du monde, le globe est traversé par un axe métallique PP′ (*fig.* 15), que l'on maintient incliné à 48° sur l'horizontale; sur ce globe sont reproduits un certain nombre de parallèles et de méridiens célestes espacés à des distances égales et en nombre suffisant pour servir de points de repère. Enfin l'horizon, qui ne peut être figuré dans l'intérieur même du globe, est représenté par le cercle HH', entourant la sphère et représentant l'horizon débordant cette sphère (*fig.* 15). On voit que cet appareil reproduit la sphère céleste dans sa position par rapport au plan de l'horizon ; que toutes les étoiles situées au-dessus du cercle HH' sont visibles à un moment donné, tandis que celles qui sont au-dessous sont invisibles au même moment. Si l'on fait tourner cette sphère artificielle sur ses pivots PP', on verra que toutes les étoiles avoisinant le pôle P, jusqu'au cercle DD', restant constamment au-dessus de HH', sont les étoiles de constante apparition ; que toutes celles qui sont situées au-dessous du cercle CC', restant constamment au-dessous de HH, sont les étoiles de perpétuelle occultation ; enfin, que celles qui appartiennent à la zone intermédiaire aux cercles CC' et DD' sont d'inconstante apparition, et que, par le mouvement du globe, elles apparaissent au-dessus de HH', *toutes, mais successivement.*

Toutefois, si cet appareil peut donner une idée exacte du ciel, il est impropre à servir à l'étude directe des constellations. Il a l'inconvénient de présenter ces constellations à l'inverse de leur position réelle dans le ciel, puisque nous voyons le ciel sur ce globe comme si nous étions placés en dehors des limites de la sphère, tandis qu'en réalité nous en occupons l'intérieur. Pour ces raisons, et aussi pour les difficultés qu'on éprouve à se procurer un appareil nécessairement coûteux, dans l'étude du ciel il est préférable de se servir de *cartes.* De même qu'un voyageur s'aventurant dans un pays inconnu doit se munir d'une carte représentant les localités qu'il veut traverser, de même l'observateur qui veut faire connaissance avec les constellations célestes doit se munir d'une carte qui les reproduise, et, par la comparaison du ciel visible avec sa carte, reconnaître les différents éléments dont se compose la voûte céleste ; on va de suite comprendre l'utilité d'un semblable procédé.

Voici par exemple une carte (*fig.* 16) représentant la portion visible du ciel, le 1er octobre, à 10 heures du soir, d'après les horloges réglées sur le temps solaire dont nous nous servons. Au jour et à l'heure indiqués, supposez-vous placé dans un lieu découvert propre à l'observation, muni de cette carte éclairée d'une petite lanterne : orientez d'abord votre carte, c'est-à-dire, placez-la de manière que la ligne nord-sud soit dans la direction de la méridienne, le point nord tourné du côté de l'étoile polaire, ou dans la direction donnée par une aiguille de boussole, la carte horizontalement placée devant vous, comparez-la à ce que vous voyez dans le ciel. Les étoiles de la région nord du ciel se reproduisent en haut de la carte, celles de la région sud placées derrière vous, au bas de la carte, celles de la région est sont à droite, celles de l'ouest sont à gauche ; enfin les étoiles ou les constellations placées directement au-dessus de votre tête, vers le point du ciel appelé *zénith*, se retrouvent sur la carte

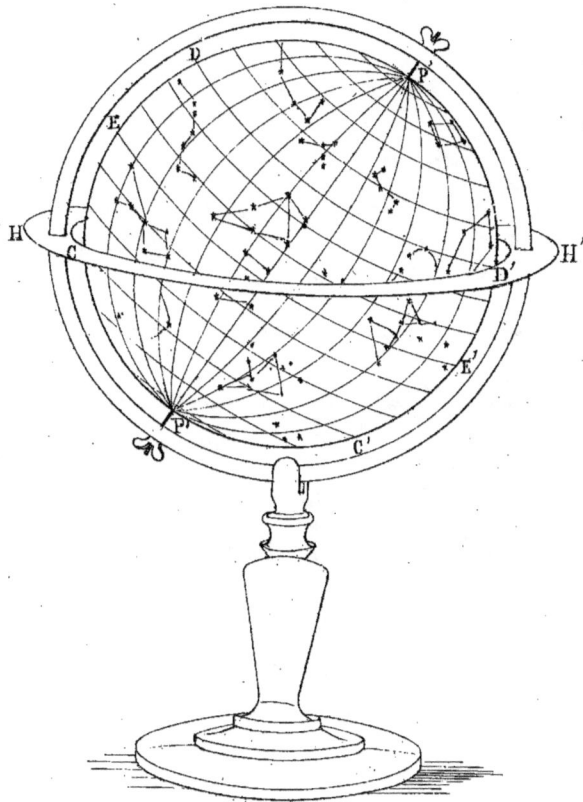

Fig. 15.

Fig. 16.

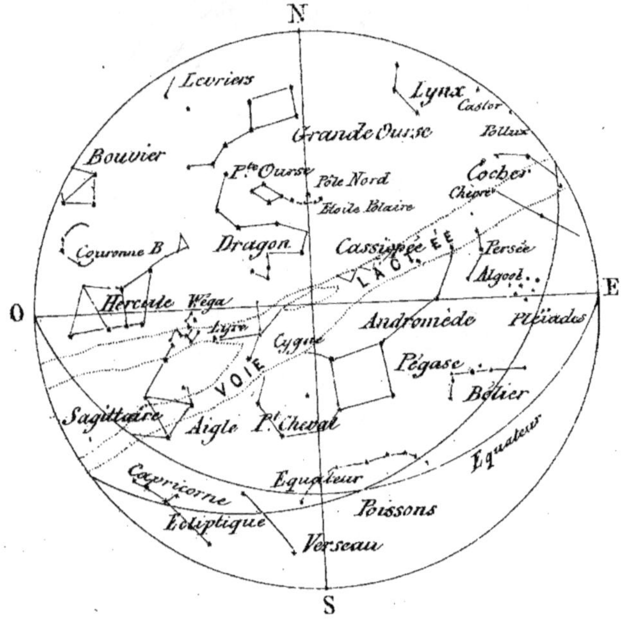
N
S
O
E
Levriers
Lynx
Castor
Pollux
Grande Ourse
Bouvier
Pte Ourse
Pôle Nord
Etoile Polaire
Cocher
Chèvre
Couronne B
Dragon
Cassiopée
Persée
Algool
VOIE LACTÉE
Hercule
Wega
Lyre
Andromède
Pléiades
Cygne
Pégase
Bélier
Sagittaire
Aigle
Pt Cheval
Equateur
Capricorne
Equateur
Poissons
Ecliptique
Verseau

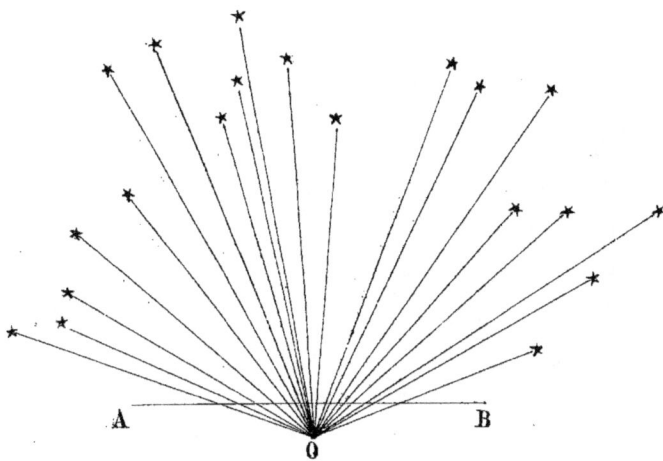

Fig. 17.

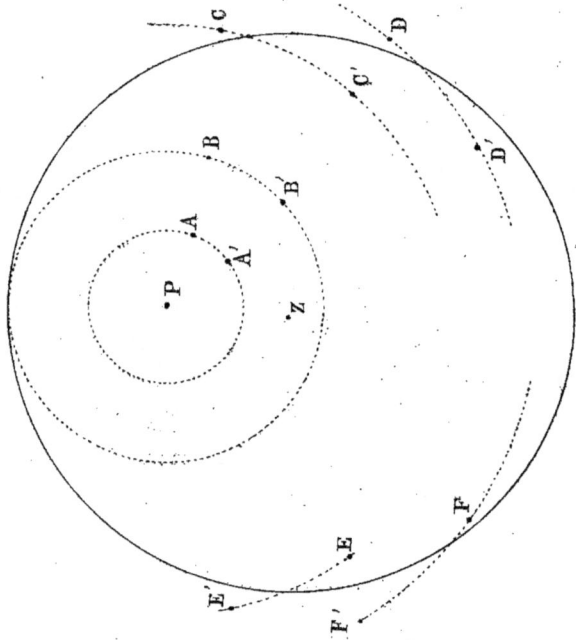

Fig. 18

à l'intersection centrale des lignes NS et OE au point z. Par une telle comparaison, vous apprendrez aisément à reconnaître les constellations et les principales étoiles du ciel, puisqu'elles sont figurées sur la carte dans des situations comparables et accompagnées de leurs dénominations. (Constellations : Grande Ourse, Petite Ourse, Pégase, Poissons, etc. — Étoiles remarquables : Wéga, Polaire, Castor, Pollux, Algool, Chèvre, etc.)

De plus, vous comprendrez facilement comment cette carte reproduit l'aspect du ciel visible : imaginez que toutes les étoiles du ciel visible envoient un rayon lumineux vers un point O (*fig.* 17), situé un peu au-dessous d'un carton tendu horizontalement, AB. Imaginez en outre que ces rayons impriment sur ce carton une trace visible de leur passage ; vous aurez ainsi reproduit sur cette surface l'apparence des constellations et de toutes les étoiles visibles, *conservant les mêmes rapports de position* qu'elles possèdent sur la voûte du ciel : c'est *la projection du ciel sur le plan de l'horizon.*

Ce procédé d'étude est celui auquel nous voulons nous rapporter, mais il est facile de comprendre que la carte que nous avons présentée (*fig.* 16), est insuffisante à cet usage. D'une part, en vertu du mouvement diurne, l'apparence du ciel change de moment en moment, et la carte dressée pour 10 heures du soir ne convient plus pour une autre heure. Le mouvement de révolution diurne a lieu autour du point P (*fig.* 18), où se projette ce point voisin de l'étoile polaire qu'on appelle pôle nord ; de sorte qu'en vertu de ce mouvement, une étoile placée en A à 10 heures du soir, une heure plus tard, par exemple, sera en A'; une étoile placée en B, à 10 heures, sera en B' à 11 heures. L'étoile C, qui n'était même pas levée, arrivera sur le plan de l'horizon que figure la carte, et se trouvera en C'; de même D arrivera en D' ; enfin les étoiles E, F, seront couchées, c'est-à-dire sorties du plan de l'horizon en E'F'. En un mot, au bout d'un temps assez court, l'aspect du ciel sera changé; au bout d'un temps plus long, il serait même presque méconnaissable. Et comme l'heure donnée par la carte peut n'être pas favorable à l'observation, il faudrait, pour suppléer à l'insuffisance de celle-ci, une série de nouvelles cartes établies par exemple d'heure en heure; mais encore les étoiles qui passent au-dessus de l'horizon pendant le jour seraient encore inobservables, masquées qu'elles seraient par l'éclat des feux du soleil.

D'autre part, si une carte dressée pour une heure donnée convenait à tous les jours de l'année, on pourrait choisir le jour le plus convenable à l'observation. Mais nous avons fait remarquer que le soleil n'avait pas un mouvement parfaitement semblable à celui des étoiles : il retarde de 4 minutes environ chaque jour sur le mouvement diurne ; de sorte que si aujourd'hui, à un certain moment, le soleil se trouve en rapport avec une étoile M, les jours suivants, il s'en trouvera de plus en plus éloigné, de 60 minutes d'angle ou 1° environ (ce qui répond à 4 minutes de temps, à raison de 15° par heure, etc.) par jour. Au bout de quelques jours, l'écart sera très-sensible; au bout de six mois, l'étoile et le soleil seront placés aux deux côtés opposés du ciel. Il s'ensuit que l'horloge solaire n'est pas en rapport avec l'horloge sidérale, puisque l'une se règle sur le mouvement solaire, l'autre sur le mouvement de l'étoile.

Le ciel visible à 10 heures du soir (temps solaire) ne sera plus le même ciel à 10 heures du soir un autre jour, à moins qu'il n'y ait accord entre les deux horloges. Cet accord ne se reproduit qu'une fois par an, et, à dater de ce moment, le désaccord commence : l'aspect du ciel, toujours le même pour une même heure sidérale, sera sans cesse différent pour une même heure solaire ; six mois après l'accord, l'horloge sidérale marquera midi, lorsque l'horloge solaire marquera minuit, et le ciel visible sera complétement différent. Ce jour-là, cependant, l'étoile qui d'abord avoisinait le soleil, et était ainsi invisible pour nous, sera visible dans le ciel de nuit. Ceci est un avantage, puisque ce renversement du ciel nous permet d'observer de nuit, en certaines saisons, des étoiles que nous n'eussions pu observer en d'autres ; mais c'est un inconvénient aussi, puisque cette circonstance nécessite l'exécution d'un certain nombre de cartes répondant aux différentes époques de l'année.

Il serait préférable de pouvoir, par un procédé quelconque, sur une carte générale représentant toutes les étoiles visibles *en un temps quelconque de l'année*, de pouvoir, disons-nous, *distraire la portion visible du ciel à un jour et une heure donnés*. C'est le problème que nous allons résoudre ; mais, pour arriver à une solution raisonnée et non purement mécanique, nous sommes obligés d'entrer dans des détails plus circonstanciés sur la marche du soleil.

II

LE SOLEIL.

Au premier abord, le soleil semble se comporter dans son mouvement diurne comme une *étoile d'inconstante apparition;* mais, par un examen attentif, on ne tarde pas à constater de notables différences.

1° Conformément à ce que nous avons dit (*voyez fig.* 11), l'étoile se meut dans un *parallèle céleste invariablement fixé sur la sphère*, de sorte que lorsqu'une étoile, dans son mouvement sur son parallèle, vient à traverser le plan méridien vertical HAPH' (*fig.* 19), *sa hauteur au-dessus de l'horizon, mesurée par l'angle* HOA, *est toujours la même* à tous les moments de l'année. Si nous disposons d'une lunette *ab*, pivotant sur le point O et se mouvant dans le plan méridien vertical, nous pourrons la diriger de

Fig. 19.

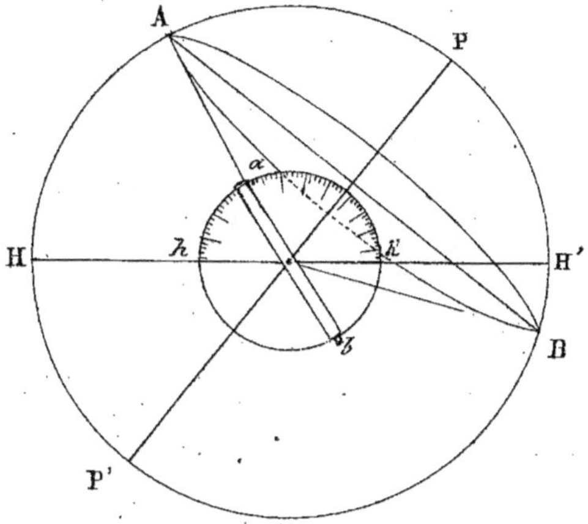

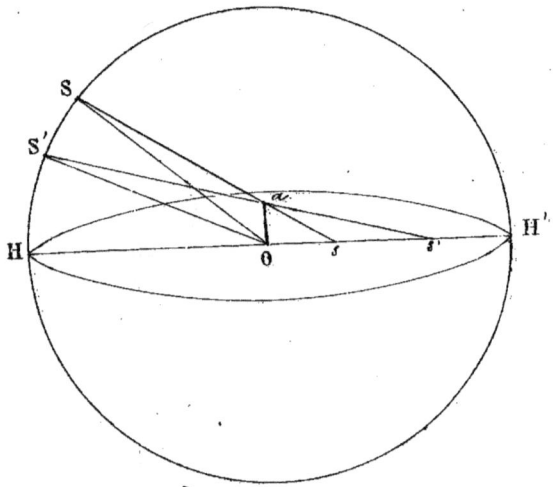

Fig. 20.

manière qu'elle saisisse l'étoile à son passage A dans le plan méridien vertical. Si notre lunette se meut sur un cercle divisé en 360°, il est facile d'évaluer l'*angle de la hauteur* HOA, puisqu'il est exprimé par les divisions du cercle qui répondent à l'écartement *hoa* (1). Or, cet angle sera constant pour l'étoile à tous les moments de l'année.

2° Si, non contents de mesurer l'*angle de hauteur* de l'étoile au moment *du passage*, nous notons encore l'*heure* précise à ce moment *à l'horloge sidérale*, nous verrons encore que *cette heure est toujours la même* pour une même étoile toute l'année. Toutes ces données sont conformes à ce que nous avions dit du mouvement diurne.

Or, le soleil diffère d'une étoile d'inconstante apparition sous ce double rapport :

1° Son angle de hauteur au passage est variable;

2° Le soleil n'arrive pas à ce passage au même moment sidéral.

Cependant, cette variation n'est pas illimitée ni indéfinie; au bout d'un temps qu'on est convenu d'appeler l'*année solaire*, le soleil a son angle de hauteur au passage égal à celui qu'il avait un an avant, et ce jour-là, il passe au méridien à une heure sidérale sensiblement rapprochée de l'heure à laquelle il passait un an auparavant.

Les observations relatives au soleil pourraient se faire par la lunette de passage comme celles des étoiles, mais des difficultés de plus d'un genre rendent l'observation exacte presque impossible par ce moyen.

Au contraire, il est un procédé plus simple, que chacun, en quelque sorte, peut appliquer sans difficulté : c'est l'*observation du soleil au moyen de l'ombre.*

1° Plantez verticalement au centre d'observation O une tige appelée *style*, qui projette son ombre sur le plan de l'horizon; il vient un moment de la journée où cette ombre rectiligne s'allonge sur la méridienne OH' (*fig.* 20), ce moment est précisément celui où le soleil traverse le plan méridien vertical.

Or des observations, même très-grossières, faites à quelques jours d'intervalle dans le courant d'une année, nous permettront de constater que l'ombre du style O*a* est tantôt plus courte O*s*, tantôt plus longue O*s'*, ce qui ne peut tenir qu'à ce que la hauteur du soleil au moment de son passage varie de S' en S. L'angle de hauteur est tantôt SOH et tantôt S'OH.

Nous constaterons en outre que le minimum d'ombre répondant au maximum de l'angle de hauteur s'observe aux environs du 21 juin, le maximum d'ombre (minimum d'angle de hauteur) vers le 21 décembre. On dit alors le soleil aux deux solstices : solstice d'hiver en décembre, d'été en juin. L'ombre, dans le courant d'une année, croît et décroît ainsi,

---

(1) La lunette *ab* ainsi disposée est ce qu'on appelle une *lunette méridienne ou des passages*, à cause de l'usage auquel elle est destinée.

et successivement, de manière à revenir à ses mêmes dimensions pour un même jour de l'année.

2° En même temps que vous constatez la longueur de l'ombre au moment du passage, constatez l'heure sidérale à ce même moment : cette heure se trouvera continuellement différente aux différents jours de l'année.

A partir du 20 mars, époque où le soleil passe au méridien vers le moment où l'horloge sidérale marque très-approximativement $0^h,0^m,0^s$ (1), vous observerez que le soleil retarde son passage d'environ 4 minutes par jour. Or, 4 minutes dans le mouvement diurne répondent à 4 fois 15 minutes d'angle, soit 60 minutes ou 1 degré, le soleil reculant ainsi d'un degré par jour sur la sphère céleste parcourt en entier cette sphère, et, après une année, se retrouve au voisinage du point de départ. A quelques minutes près, le 20 mars de chaque année, le soleil passera au méridien à $0^h,0^m,0^s$ (équinoxe du printemps); six mois plus tard environ, il passera au méridien à $12^h,0^m,0^s$ (équinoxe d'automne, vers le 23 septembre).

Nous pouvons actuellement nous former une idée exacte du mouvement diurne du soleil. Il ne décrit pas, comme une étoile A, un parallèle céleste AB, invariablement fixe sur la sphère, mais une série de parallèles dont la hauteur varie. Ainsi, parti du point a (*fig.* 21), dans le sens de la flèche qui indique le sens du mouvement diurne, il accomplit dans un jour un premier parallèle AB; mais le lendemain, au lieu de revenir à la même heure sidérale au point de départ a, il se trouve au point b, un peu au-dessous, un peu en arrière du point a. Le jour suivant, il est en c, dans des conditions analogues, puis en d, e, f, g, h, i... etc. A une époque de l'année distante de six mois du jour où il occupait le point A, point le plus élevé de sa course, il est arrivé au point le plus abaissé de cette même course; il remonte alors en sens inverse, mais toujours en rétrogradant sur le mouvement diurne. Les parallèles successifs qu'il accomplit le ramènent ainsi au parallèle AB, et au point de départ a, à 365 jours environ d'intervalle : c'est précisément l'année solaire.

Actuellement, si, pour un moment, nous faisons abstraction de la rotation diurne, qui n'est après tout qu'une apparence, si nous supposons la sphère céleste arrêtée dans ce mouvement, les étoiles seront fixes désormais; mais ce double mouvement du soleil n'en continuera pas moins à s'effectuer, puisqu'il n'est pas lié à la révolution diurne. C'est en effet le *mouvement propre du soleil*. Pour nous le figurer d'une manière exacte, marquons sur un globe céleste les points a, b, c, d, e, f, g'.... (*fig.* 22), que le soleil occupe chaque jour à une même heure sidérale. Réunissant alors tous ces points par une ligne continue, nous verrons que cette

(1) Cet accord n'est pas absolument exact; mais, pour la facilité des observations astronomiques, on fait marquer à l'horloge $0^h,0^m,0^s$, au moment du passage du soleil, le 20 mars, au méridien.

Fig. 21.

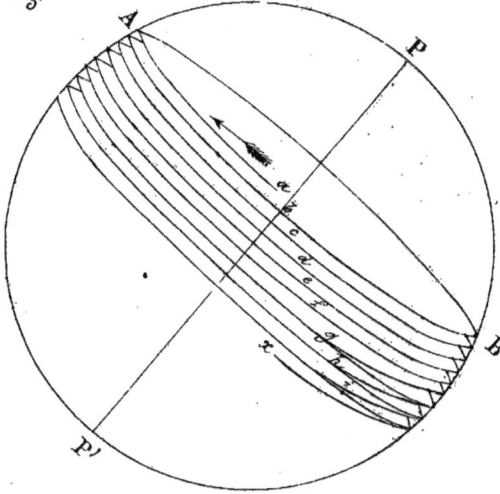

Fig. 22.

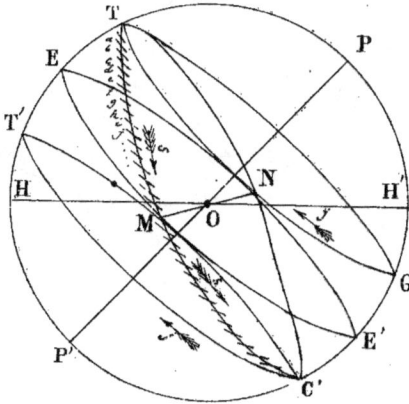

Fig. 23.

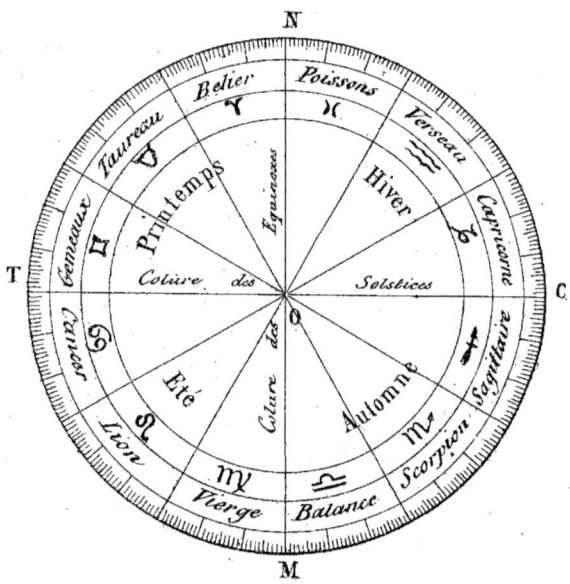

Paris, Lith. Coyer, 7, P. Dauphine

ligne n'est autre qu'une courbe fermée, un grand cercle de la sphère qui coupe l'équateur céleste en deux points opposés.

La figure 22 nous montre EE', plan de l'équateur céleste, perpendiculaire à la ligne des pôles PP', coupant la sphère en deux parties égales et inclinée de 42° environ sur l'horizon. Le *mouvement propre du soleil* est figuré par le cercle TC'; c'est l'*écliptique* incliné sur l'équateur d'environ 23° 28', tant au-dessus qu'au-dessous de ce plan qu'il coupe en deux parties égales suivant la ligne MN; les traces *a*, *b*, *c*, *d*, etc., etc., sont des fragments des 365 parallèles successifs que le soleil décrit en une année solaire dans son mouvement diurne passant ainsi chaque jour à des points différents *a*, *b*, *c*, *d*, *e*..... etc., de l'écliptique (1). Le soleil, au solstice d'été, est au point le plus élevé en T (21 juin), et ce jour-là décrit le parallèle TC, appelé *tropique du Cancer*. — Il est à son point le plus bas en C', au solstice d'hiver (21 décembre), et ce jour-là il décrit dans son mouvement diurne T'C', le *tropique du Capricorne*. Il est en N à l'équinoxe de printemps (20 mars), et en M à l'équinoxe d'automne (23 septembre). Ces deux jours-là, son mouvement diurne s'accomplit sur l'équateur même. Dans son mouvement propre, le soleil parcourt donc la sphère céleste en un an, le long de l'écliptique, dans le sens opposé à celui du mouvement diurne (flèche *s*), et dans son mouvement diurne il accomplit pendant le même temps 365 parallèles célestes, successifs et différents, dans le sens de la flèche *j*.

Il est aisé de voir (*fig.* 22) que l'équateur et les deux tropiques sont trois cercles parallèles inclinés sur l'horizon, mais tellement disposés, que l'astre qui les parcourt reste au-dessus de l'horizon un temps qui varie suivant le cercle parcouru. Lorsque le soleil se meut sur l'équateur, il reste 12 heures au-dessus et 12 heures au-dessous du plan de l'horizon. S'il parcourt le tropique du Cancer, il reste un temps supérieur à 12 heures au-dessus; s'il parcourt le tropique du Capricorne, il demeure au-dessus de l'horizon un temps plus court. Si nous regardons comme le *jour*, la période de temps qui s'écoule entre le lever et le coucher du soleil, on voit qu'au solstice d'été le jour est le plus long; il est le plus court possible au solstice d'hiver; aux deux équinoxes, le jour est égal à la nuit. C'est la *durée variable du jour* aux différentes époques de l'année, qui est l'origine de la *variabilité annuelle de température* en un même lieu, et de là provient la différence des *saisons*. — NT répond au printemps, TM à l'été, MC' à l'automne, C'N à l'hiver (*fig.* 22 et 23).

Si NTMC' (*fig.* 23) est le *plan de l'écliptique*, MN est la ligne des équinoxes, TE la ligne des solstices (*ce sont les colures des équinoxes et des solstices*), O est la terre au centre de la sphère et de l'écliptique. Dans son

(1) La durée du mouvement propre du soleil étant de 365 jours et environ un quart de jour, tous les quatre ans on intercale un jour supplémentaire (année bissextile) pour rétablir l'équilibre.

2

mouvement annuel sur le cercle NTMC', le soleil se projette successivement sur douze constellations très-anciennement connues sous le nom
de *Constellations du zodiaque*. Chacune d'elles mesure sur la sphère céleste une étendue d'environ 30°, de sorte que chacune répond à un
douzième de l'année ou *un mois*, si douze fois 30 font les 360° de la sphère.

Le *zodiaque* n'est donc qu'une ceinture de constellations étendues le
long de l'écliptique et débordant ce cercle de quelques degrés au-dessus
et au-dessous. Ces constellations, au nombre de 12, répondent aux douze
divisions de l'année, qui sont les mois, et anciennement à chacune de
ces constellations répondait un *signe* particulier, et l'on avait ainsi les
12 *signes du zodiaque* pour les 12 mois de l'année.

	SIGNES ET CONSTELLATIONS		RÉPONDANT A	MOIS DE L'ANNÉE.
1	Bélier	♈	—	Mars.
2	Taureau	♉	—	Avril.
3	Gémeaux	♊	—	Mai.
4	Cancer	♋	—	Juin.
5	Lion	♌	—	Juillet
6	Vierge	♍	—	Août.
7	Balance	♎	—	Septembre.
8	Scorpion	♏	—	Octobre.
9	Sagittaire	♐	—	Novembre.
10	Capricorne	♑	—	Décembre.
11	Verseau	♒	—	Janvier.
12	Poissons	♓	—	Février.

Mais il est important de noter ici que, par suite d'un mouvement très-
lent de la ligne des équinoxes sur la sphère céleste, mouvement qui
s'est accompli depuis l'introduction de ces dénominations, *les constellations qui répondaient à chacun des mois de l'année n'y répondent plus ;* c'est-
à-dire que le soleil ne se retrouve pas à un mois donné dans la constellation qui répondait à ce mois. L'équinoxe de printemps, qui avait anciennement lieu au moment où le soleil entrait dans la constellation du
Bélier, a rétrogradé de façon à se trouver aujourd'hui vers l'extrémité de
la constellation des Poissons. Toutefois les signes sont restés en usage.

On disait et on continue à dire que le soleil entre le 20 mars dans le
signe du Bélier, quoique en réalité il se trouve dans la constellation des
Poissons.

Le 19 avril 1864 (par exemple), il entre dans le signe du Taureau.

Le 20 mai, dans le signe des Gémeaux.

Le 21 juin, dans le signe du Cancer, etc., etc. — Mais, en réalité, aux-
dites époques, il ne se retrouve pas sur les constellations de mêmes
noms, de sorte que *les signes ne correspondent plus aux constellations
de même nom.*

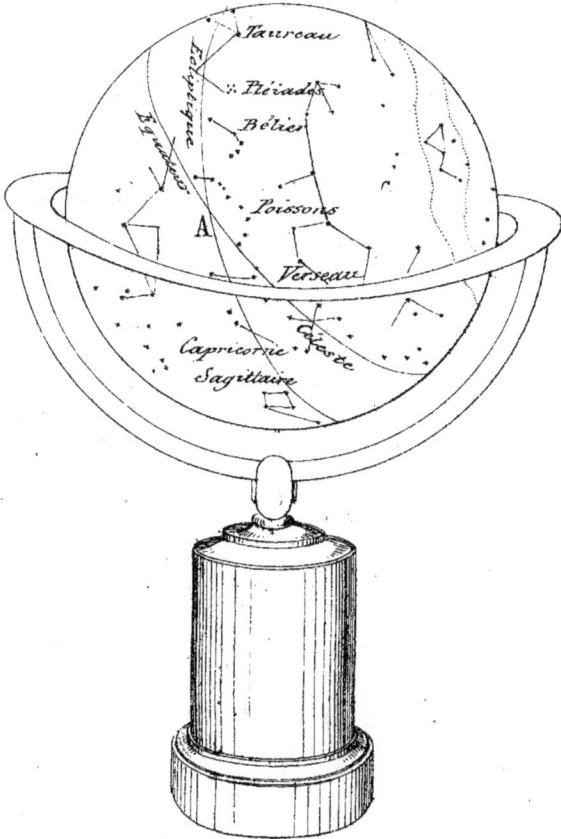

Fig. 24.

Taureau
Pléiades
Bélier
Écliptique
Poissons
Verseau
Céleste
Capricorne
Sagittaire
A

Paris Lith. Coyer, 7, P. Dauphine.

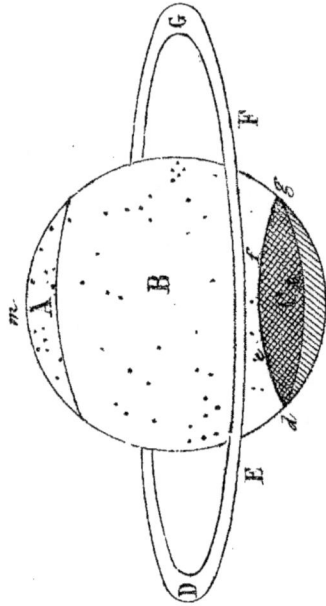

Fig. 25.

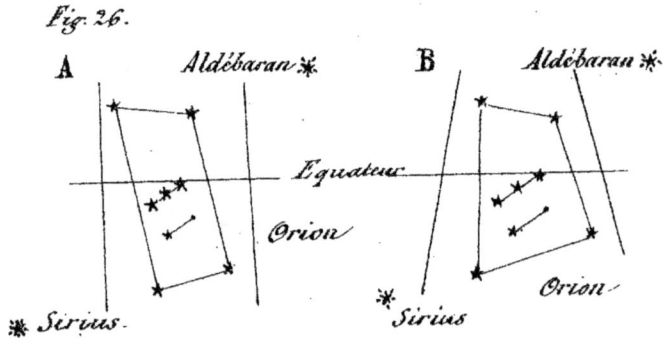

Fig. 26.

A   Aldébaran ✳   B   Aldébaran ✳

Equateur

Orion   Orion

✳ Sirius.   ✳ Sirius

Toutefois, on comprend aisément par ces détails que si l'on connaît la position du soleil sur la sphère céleste pour un moment quelconque de l'année, on en déduira parfaitement la position qu'il doit y occuper à tout autre moment de cette même année. Sur un globe céleste où seraient figurées les constellations du zodiaque, il suffit de connaître le point A qu'occupe le soleil au 20 mars, par exemple, d'une année (*fig.* 24), pour connaître les autres points de son parcours. En effet, faisons passer par ce point A un grand cercle, incliné de 23° 28' sur l'équateur, et traversant les constellations du zodiaque, nous aurons tracé l'écliptique sur le globe. Ce cercle étant divisé en 365 parties égales, chacun des points de division représentera la position du soleil aux 365 jours successifs de l'année solaire.

III

CIEL VISIBLE.

Nous sommes actuellement en mesure de résoudre le problème que nous avons posé : Sur une carte générale représentant toutes les étoiles visibles en un temps quelconque de l'année, *distraire la portion du ciel visible à un jour et une heure donnés.* En effet, cette portion visible se trouvera dans un rapport constant avec la position du soleil au jour et à l'heure indiqués.

Commençons à créer la carte générale des étoiles visibles. On appelle *projection* le procédé par lequel on reproduit à plat, sur une carte, les détails d'un globe ou d'une sphère à surface courbe, procédé qui repose sur des considérations d'ordre mathématique dont nous nous abstiendrons de parler. Nous ferons seulement comprendre notre projection sphérique par un procédé mécanique, tout grossier, mais susceptible de donner une idée nette des résultats obtenus.

Soit ABC (*fig.* 25), un globe céleste, mais réduit à une simple enveloppe globuleuse et extensible, de caoutchouc par exemple, portant du reste l'indication ordinaire des étoiles et constellations. A, dans ce globe, est la région des étoiles de constante apparition, B la zone d'inconstante apparition, C la région de perpétuelle occultation. Il est évident que les astres de cette dernière région étant pour nous constamment et perpétuellement invisibles, nous pouvons réduire notre globe à la portion de sphère *dmg*, et supprimer la calotte sphérique C. Soit un grand cercle de fer DEFG, placé vers la base de notre globe : imaginons qu'au pourtour de ce cercle nous puissions fixer, grâce à l'extensibilité de l'enveloppe *dmg* tous les points *d, e, f, g, h,* du cercle de perpétuelle occultation, de telle sorte que *d* réponde à D, *e* à E, *f* à F, *g* à G, *h* à un point postérieur, etc. Notre globe sera par cette transfor-mation devenu une carte plane et ronde, et limitée par le grand cercle DEFG. Ce changement, toutefois, ne peut s'opérer sans qu'il en ré-sulte quelques altérations de dimensions, et, en réalité, le résultat ordinaire de toute projection d'une surface courbe sur une surface plane est *une certaine déformation* dans les détails, déformation d'autant plus sensible que la projection voudra rendre une plus grande portion de la sphère. Mais s'il importe de se rendre compte de ces déformations, pour n'être point illusionné par elles, il faut aussi remarquer que dans la pratique elles ne présentent aucun inconvénient. Nous pouvons en effet facilement nous rendre compte des altérations de dimensions que le seg-ment de globe AB (*fig.* 25) a subies, en passant à l'état de disque circulaire DEFG. Les constellations voisines du pôle (région A) n'ont évidemment subi aucune déformation bien sensible, mais la diformation résultant de l'extension de l'enveloppe, a marché en croissant du pôle à la péri-phérie. Les constellations voisines du cercle *d*, *e*, *f*, *g*, *h*, de perpétuelle occultation, sont nécessairement déformées, distendues en largeur, et plus distendues dans leur partie la plus méridionale que dans leur portion septentrionale. Mais, en réalité, ces déformations, si sensibles qu'elles soient, n'empêchent en aucune manière de reconnaître les étoiles et les constellations. Sur le globe, la constellation d'Orion, par exemple, aura pour forme et pour dimension la figure reproduite en A (*fig.* 26), tandis que, sur la carte, cette figure, altérée dans sa forme et ses dimensions, prendra l'apparence B : toujours est-il qu'en A, comme en B, la simili-tude des figures se retrouve, que les deux constellations sont compo-sées d'un même nombre d'étoiles semblablement disposées, que dans les deux cas, la ligne qui passe par les *trois étoiles de la ceinture* prolongée de part et d'autre, rencontre au nord *Aldebaran*, l'œil du Taureau, et au sud l'étoile *Sirius* et la constellation du grand Chien, c'est-à-dire que les étoiles conservent les mêmes rapports de position : c'était là l'essentiel.

Notre carte ainsi tracée nous montre (*fig.* 27) en A la projection du pôle B, C, D, parallèles célestes : B, cercle des étoiles de constante ap-parition ; C, équateur ; D, cercle des étoiles de perpétuelle occultation ; de B en D, zone d'intermittente apparition, *a*, *b*, *c*, *d*, *e*, *f*, *g*, *h*, *i*, *j*, *k*, *l*, méridiens horaires; *m*, *p*, *n*, *q*, l'écliptique coupant l'équateur aux points *p*, *q*, équinoxes, marquant les solstices aux points *m*, *n*. Cette carte, reproduisant la sphère céleste, peut aussi représenter l'apparence du mouvemement diurne, si on la fait pivoter sur son centre A, de manière à lui faire accomplir un tour en 24 heures. Il est facile, d'ail-leurs, d'établir le sens et le mouvement, si l'on considère que la carte est tracée de telle sorte que, de quelque côté qu'on la regarde, l'orient est toujours à droite : ce sens du mouvement diurne est indiqué par la

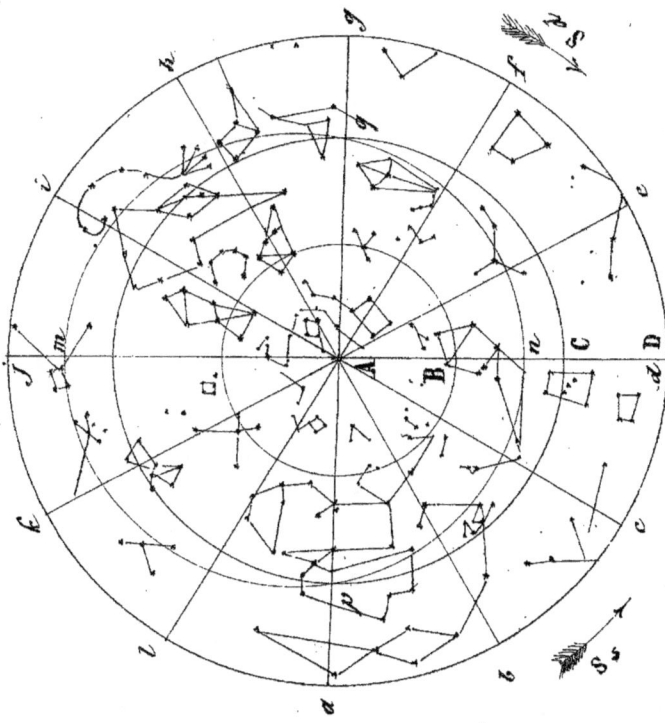

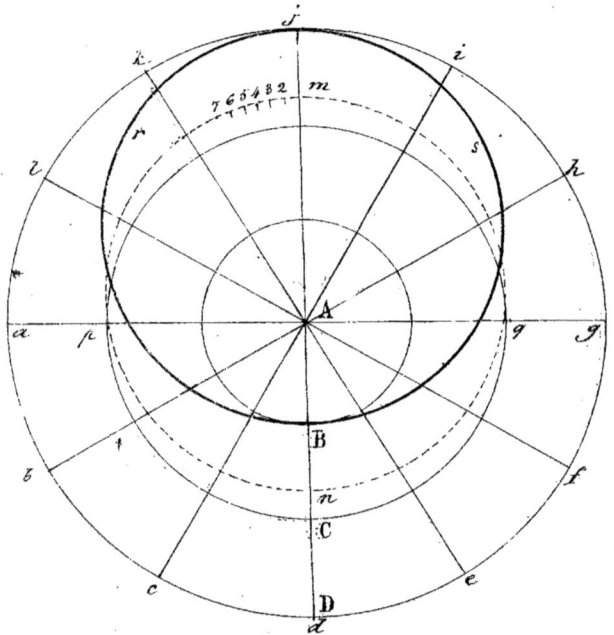

Fig. 28.

flèche S*d*. D'autre part, le mouvement annuel propre du soleil s'opère sur l'écliptique en 365 jours, et dans un sens inverse indiqué par la flèche S*s*.

Quelle sera présentement sur cette carte la portion visible du ciel à un instant donné?

Nécessairement la portion visible du ciel à un instant donné comprend les étoiles qui, à ce moment, placées sur la demi-sphère supérieure au plan de l'horizon, se projetteraient sur ce plan comme l'indique la figure 16. Dans cette carte (*fig.* 16), le cercle extérieur représente donc le plan de l'horizon partagé en deux parties par la ligne nord-sud (méridienne), et nous savons que l'horizon affleure du côté nord le bord du cercle de perpétuelle apparition, et du côté sud le bord du cercle de perpétuelle occultation. (Reportez-vous à la figure 11.) Si donc, sur la carte de la figure 27 et 28, nous imaginons un cercle ayant pour diamètre B*j*, le cercle nous représente la projection de l'horizon sur la carte, et contiendra toutes les étoiles visibles à un moment donné, puisqu'il effleure le cercle B des étoiles toujours visibles, et le cercle *a, b, c, d, e, f, g, h, i, j, k, l*, des étoiles toujours invisibles aux deux extrémités d'un diamètre B*j*, méridienne du lieu.

Imaginons ce cercle *jr*B*s* comme séparé de la carte, formé d'un fil de fer recourbé, traversé par une tige *j*AB, et tournant à l'aide d'un pivot sur le point A. Supposez le cercle *fixe dans l'espace*, tandis que la carte, reproduisant les apparences du mouvement diurne, pivote sur le pôle A, vous vous rendrez facilement compte de ce qui se passe : les étoiles de constante apparition demeurent constamment dans le cercle *jr*B*s*, les étoiles appartenant à la région d'inconstante apparition BD viennent toutes, et successivement, se présenter dans ce même cercle pendant la révolution diurne ; *jr*B*s* reproduit donc bien nettement le plan de l'horizon sur lequel viennent se projeter les étoiles visibles, et il ne reste plus qu'à trouver la position de ce cercle pour un instant donné.

Si l'on connaissait cette position pour une heure quelconque, rien ne serait plus simple que de se rendre compte des apparences du ciel pour une autre heure. En effet, si, par exemple, le cercle *jr*B*s*, dans la figure 28, représente l'état du ciel un jour quelconque pour l'heure de minuit, par exemple, nous pourrons retrouver l'état du ciel pour toute autre heure, en faisant pivoter la carte dans le sens du mouvement diurne à raison de 15° par h., 15 minutes par seconde, etc. Il suffit que le cercle extérieur de la carte soit divisé en degrés, minutes, etc., ou encore mieux en 24 parties égales représentant les heures (*ab, bc, cd, de, ef*, etc.), subdivisées en 60 parties (minutes d'heures). Il resterait donc à trouver seulement la position du cercle pour une même heure aux différents jours de l'année (nous parlons des heures solaires). Considérez actuellement le cercle pointillé de l'écliptique *mpnq*; admettez que ce cercle soit figuré par 365 points représentant précisément la position du soleil sur la sphère aux 365 jours de l'année *à midi solaire*. Reportez-vous au cercle *jr*Bs et à la tige *j*B qui le traverse, *j*B est précisément la méridienne, c'est-à-dire la projection du plan méridien vertical du lieu. Or, *à midi solaire*, le soleil passe au méridien du lieu; donc il suffira que la tige *j*B soit disposée de telle sorte qu'elle réponde au point de l'écliptique qui correspond au jour donné, pour que le cercle soit orienté de manière à présenter l'état du ciel ce jour-là *à midi solaire*. Ainsi, dans la figure 28, la tige *j*B croise l'écliptique au point solsticial d'hiver; le cercle nous montre donc ces étoiles visibles à midi le 21 décembre. Et pour un jour différent, on orientera la tige *j*B, de sorte que le 22, 23, 24, 25, 26, etc. décembre, elle réponde aux points 2, 3, 4, 5, 6, 7, etc., de l'écliptique. Il suffît donc, pour orienter la tige, que le cercle de l'écliptique ou même le cercle le plus extérieur de la carte soit partagé en 365 divisions, répondant aux 365 jours de l'année, c'est-à-dire indiquant les 12 mois et leurs quantièmes.

Toutefois il est à remarquer que les observations du ciel ne se font pas à midi, précisément au moment où le soleil au plus haut point de sa course au-dessus de l'horizon empêche les étoiles d'être visibles.

Si, dans une journée, on convenait d'une heure servant pour l'observation, il serait préférable de choisir *minuit*. Mais si la tige *j*B croise l'écliptique au point qu'occupe le soleil à midi, il suffira de faire accomplir à la carte une demi-révolution pour que cette tige *j*B se trouve dans une position inverse, et que le cercle *jr*Bs représente le ciel à *minuit*. Si nous ajoutons à notre cercle une aiguille BC (*fig.* 29) dans le prolongement de *j*B, il est visible que, lorsque cette aiguille croisera l'écliptique à un point *m*, où se trouve le soleil à midi, le cercle *jr*Bs représentera le ciel de minuit. Cette aiguille rend donc la manœuvre plus facile et est une pièce importante de la carte astronomique.

Dans le maniement de cette carte, il est visible qu'il sera plus commode de faire mouvoir le *cercle sur la carte* que *la carte sous le cercle*. Enfin toute la manœuvre se réduira à ceci:

Pour connaître l'état du ciel visible à une heure et un jour donnés, diriger l'aiguille sur le point qui correspond à la position du soleil sur l'écliptique à midi, pour le jour indiqué; puis déplacer de nouveau l'aiguille jusqu'à ce qu'elle réponde au point que le soleil occupe pour l'heure donnée. Le mouvement s'effectuera à droite ou à gauche du point primitif, suivant qu'on veut observer avant ou après minuit, et s'effectuera en comptant sur le cercle extérieur 15° par heure, etc. Les cercles qui entourent la carte faciliteront la recherche. — Exemple:

Sur la carte astronomique trouver le ciel véritable, le 12 décembre, à 10 heures et demie du soir:

Placez l'aiguille sur la division *décembre* 10 du cercle du mois, avancez dans le sens du mouvement solaire d'environ 2°, voilà le ciel de

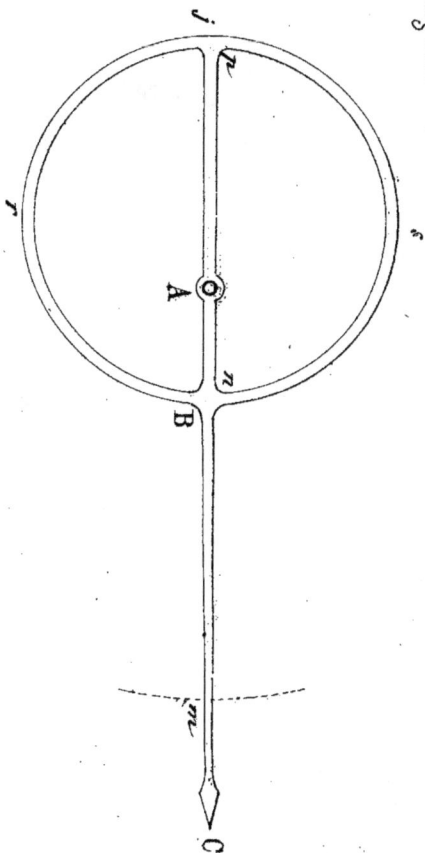

Fig. 29.

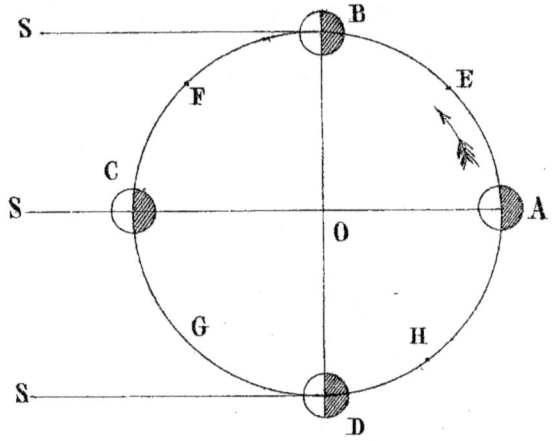

Fig. 30.

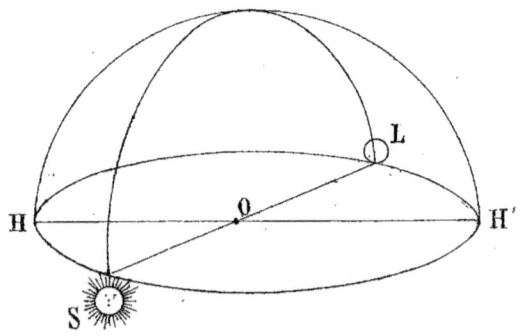

Fig. 31.

minuit le 12 décembre. Nous avons à tenir compte d'une avance d'une heure et demie. Rétrogradez en faisant marcher l'aiguille dans le sens du mouvement diurne (puisque le cercle doit tourner à l'inverse de la carte), et marchez dans ce sens de 1 heure 30 minutes sur le cercle des heures, ou de 22° et demi environ sur le cercle des degrés.

Le cercle des heures et celui des jours sont adaptés à la carte dans le but de rendre les recherches plus faciles ; mais, en réalité, le cercle des degrés suffisait à lui tout seul, si l'on sait que le mouvement diurne s'accomplit à raison de 15° par heure, etc., et, sur la carte, dans le sens de la flèche indicative, si l'on sait que le mouvement propre du soleil s'accomplit à raison d'environ 1° par jour ; dans le sens opposé, si l'on se rappelle enfin que le 20 mars, au moment où le soleil est sur l'équateur, au point où l'écliptique croise ce cercle, les horloges solaires et sidérales sont d'accord et marquent 0^h, 0^m, 0^s, ce qui est indiqué sur la carte par le zéro des divisions du cercle.

IV

LUNE.

Il existe d'autres astres qui, comme le soleil, se meuvent parmi les étoiles d'un mouvement qui leur est propre, indépendamment de la révolution diurne à laquelle ils participent.

Telles sont la *lune*, les *planètes* et leurs *satellites*, les *étoiles filantes* et les *comètes*.

Lune. — Nous n'entrerons pas, à l'égard de cet astre, dans des détails circonstanciés qui n'appartiennent pas à notre sujet. Il suffit de noter ici que la lune accomplit le tour de la sphère céleste en suivant sensiblement la même route que le soleil, dans le même sens que lui et avec une rapidité treize fois plus grande. Il suit de là que si le soleil retarde d'un degré par jour sur le mouvement diurne, la lune retarde d'environ 13°, qu'ainsi la lune accomplit douze fois environ le tour de la sphère pendant que le soleil opère sa révolution annuelle. C'est là ce qu'on appelle une *lunaison*, et chaque année solaire comprend un peu plus de douze lunaisons. La lune change ainsi de position par rapport au soleil, et, comme elle n'est point lumineuse par elle-même, qu'elle emprunte toute sa lumière au soleil, ce changement de lieu, dans l'espace, entraînera pour elle des conséquences particulières. Elle se présente à nous, en effet, sous différents aspects appelés *phases*, tantôt visible sous forme d'un disque entièrement éclairé, tantôt sous forme d'un segment de circonférence plus ou moins considérable. Depuis la plus haute antiquité, on avait pu remarquer que les différents aspects

de la lune ne dépendaient que d'une seule cause, sa position relativement au soleil et au point d'observation. Il est facile de se rendre compte
des changements d'apparence de la lune par l'effet de cette cause. La
lune est un corps sphérique, tournant dans le plan de l'écliptique,
comme le soleil, autour du point O (*fig.* 30), centre d'observation, mais à
une distance de ce point beaucoup plus petit que la distance solaire. Dans
cette révolution, elle se projette comme le soleil sur les constellations
zodiacales et semble les parcourir; mais, dans l'espace d'une révolution,
elle se place par rapport au soleil dans des dispositions qui font varier
son aspect : ce sont les *phases de la lunaison.*

Dans les différentes positions A, B, C, D, de son trajet circulaire, elle
reçoit les rayons émanés du soleil S, S, S, qui, à cause de l'éloignement du foyer, arrivent parallèlement; il y a donc une partie éclairée
et une partie obscure, et l'observateur placé au point O, verra cette
face éclairée, soit en totalité, soit en partie, soit point du tout. En A,
la partie éclairée est complétement visible, c'est la *pleine lune;* en C,
elle est complétement invisible, c'est la *nouvelle lune.* En B et en D,
l'observateur ne peut voir qu'une moitié de la face éclairée : *premier
quartier, dernier quartier.* Entre ces quatre points, il existe des intermédiaires aussi nombreux qu'on voudra : de A en C, la *lune décroissante*
nous montre sa partie éclairée diminuant d'étendue, en E plus grande
qu'un demi-cercle, en F plus petite et réduite à un croissant. De même
de C en A, la *lune croissante* prend en G l'aspect d'un croissant, en H celui d'un segment de sphère plus grand qu'un demi-cercle. Ces apparences sont vulgairement connues, et rien n'est plus facile que de retrouver
la lune dans le ciel; les simples indications des calendriers les plus
ordinaires nous donnent la date des quatre phases principales de la
lune pour chaque lunaison, et nous permettent de prévoir ainsi pour
tous les jours de l'année, avant même qu'elle se montre sur l'horizon,
quelle sera l'apparence de la lune. Le seul point qu'il nous reste à
mentionner est celui-ci : le jour où la lune est pleine, c'est que, par
rapport au soleil et au point *o*, elle est dans une position telle que
la ligne droite qui joint des deux astres passe par le point *o*. On dit
alors la lune en *opposition* avec le soleil, parce qu'elle est en un point
opposé du ciel. Ainsi, soient S, le soleil (*fig.* 31), *o*, le centre d'observation, L la lune, ce jour-là, en raison du mouvement diurne, la lune se
lève en L précisément au moment où le soleil se couche en S. Or, la lumière de la lune, surtout en son plein, suffit pour rendre plus difficile
l'observation des étoiles et des constellations qui se trouvent dans son
voisinage. En conséquence, le jour de la pleine lune n'est pas favorable
aux observations; mais comme, à dater de ce jour, en raison de ce qu'elle
retarde sur le mouvement diurne de 13° par jour environ, son lever retarde d'un peu plus ou d'un peu moins d'une heure chaque jour. En con-

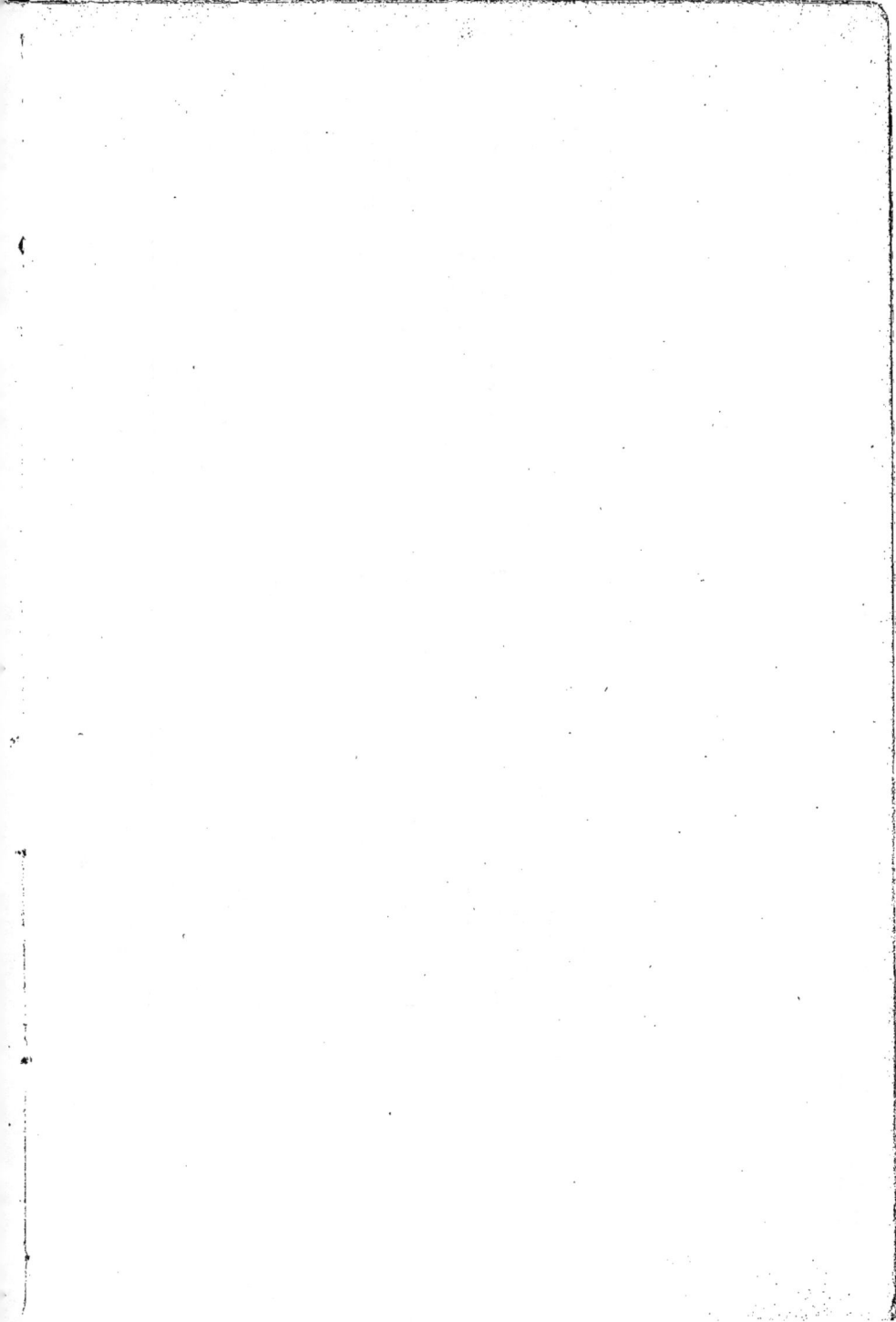

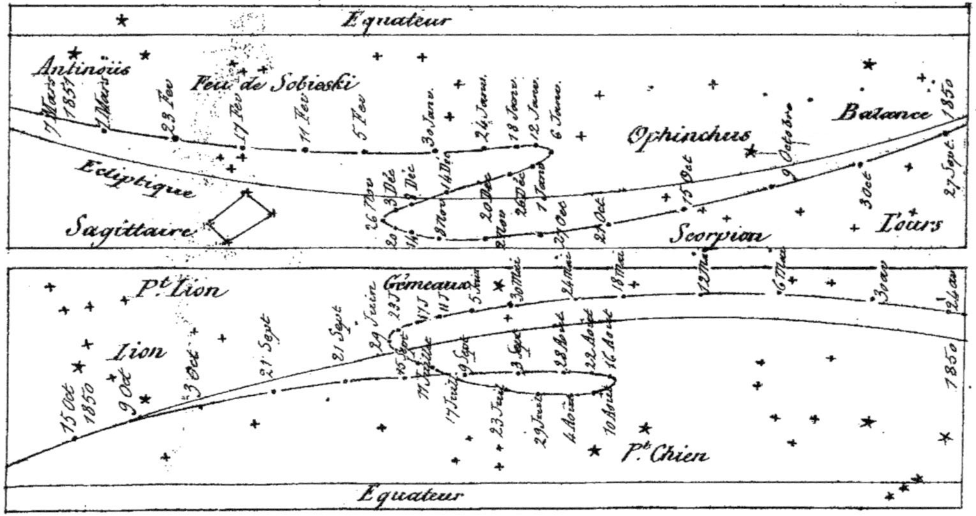

Fig. 52. Positions successives de la Planète Vénus
pendant une partie de l'année 1850 et 1851 marquées de 6 en 6 jours.

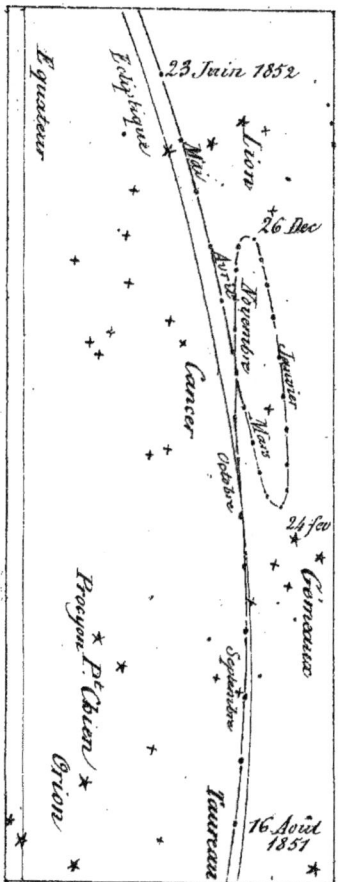

Fig. 32 bis.

Positions successives de la Planète Mars pendant une partie de l'année 1851 et 1852, marquées de 6 en 6 jours.

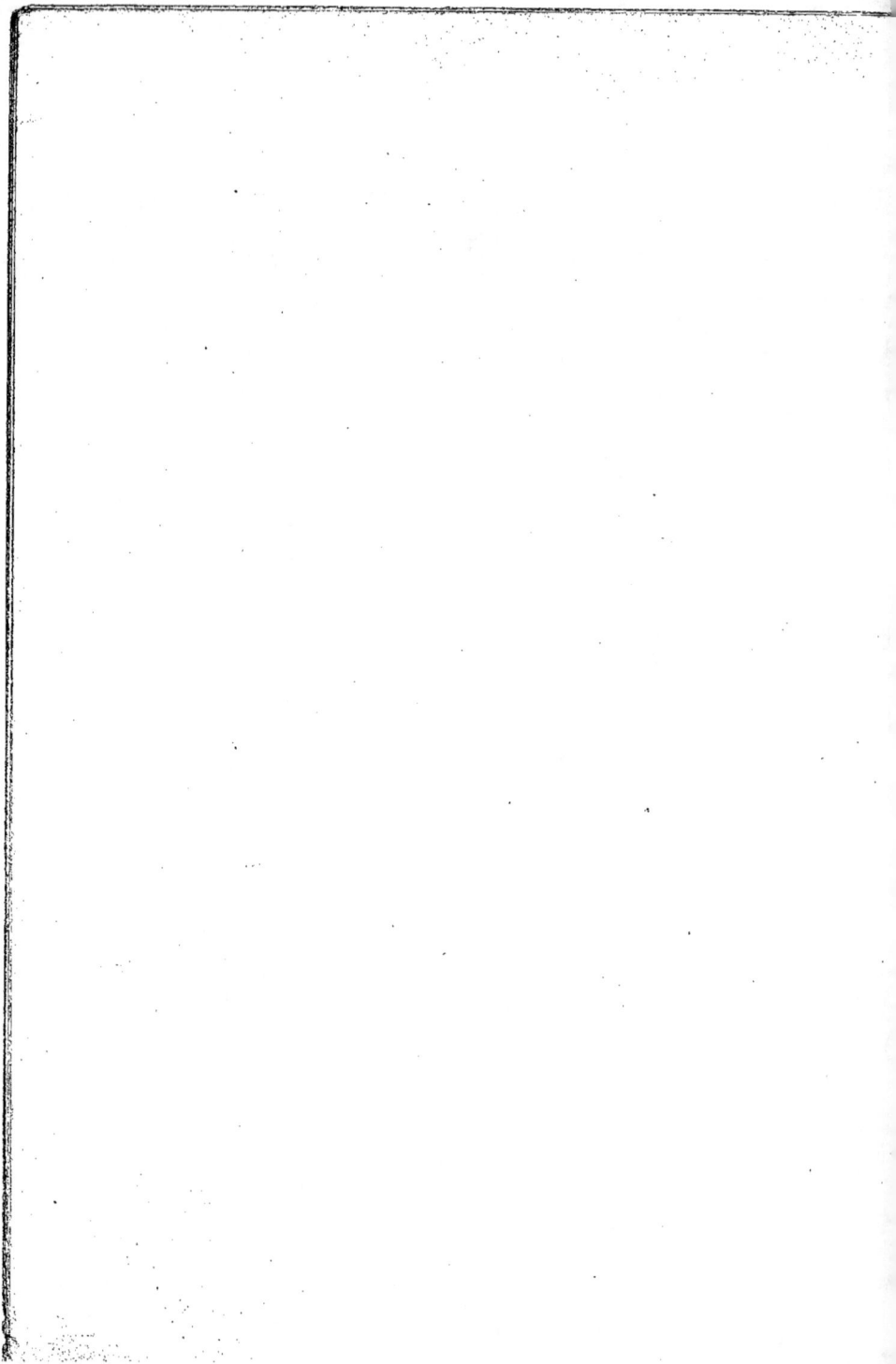

séquence donc, l'observation des astres ne sera pas favorable cinq à six jours avant, et cinq à six jours après la pleine lune : en dehors de ces époques, tant par la diminution d'éclat de l'astre que par les heures de son lever et de son coucher, l'examen du ciel sera rendu plus facile.

V

PLANÈTES.

Les planètes sont très-nombreuses si l'on tient compte des *planètes télescopiques*, mais celles qui sont *visibles à l'œil nu* sont en nombre très-restreint. Les anciens les connaissaient et leur avaient imposé des dénominations que nous avons conservées: 1° *Mercure*, 2° *Vénus*, 3° *Mars*, 4° *Jupiter*, 5° *Saturne*. Nous ne pouvons entrer dans les détails qui concernent le mouvement de ces planètes et leurs autres *éléments astronomiques;* nous nous restreindrons aux notions se rapportant à leur observation à l'œil nu.

Dans leur *mouvement apparent*, les planètes accomplissent une révolution autour de la sphère en des temps variables pour chacune d'elles; leur marche présente des irrégularités apparentes fort singulières quand la cause n'en est pas connue ; enfin, elles se meuvent comme le soleil et la lune dans la région du zodiaque, non loin de l'écliptique.

L'irrégularité apparente de leur révolution consiste en ce que, si l'on remarque sur un globe ou une carte céleste, les différents points qu'occupe la planète à différents moments de sa révolution, ces points réunis, il en résulte non une courbe uniforme, mais une ligne par moment interrompue d'un retour en forme de zigzag.

On peut se rendre compte de la forme de cette courbe par l'examen des deux portions de cartes de la figure 32 et 32 *bis*, qui représentent la marche des planètes Vénus et Mars pendant une partie de leur révolution. On voit que ces planètes suivent une ligne sinueuse composée : 1° d'une portion de trajectoire sur laquelle la planète marche dans le même sens que le soleil (*mouvement direct*) ; 2° d'une portion en retour dans un sens contraire à celui de la marche du soleil (*rétrogradation* ou *mouvement rétrograde*); 3° d'une portion directe, et ainsi de suite.

On vérifie encore sur cette carte : 1° que les planètes se meuvent dans des orbites peu éloignées du plan de l'écliptique; 2° que leur marche n'est pas régulière. Aux points où le mouvement direct devient rétrograde, et réciproquement, le mouvement de la planète est tellement ralenti, qu'elle semble ne plus se mouvoir (*station*). Chaque station est précédée d'un ralentissement et suivie d'une accélération du mouvement.

Tous ces points se vérifient par l'observation des *dates* qui correspondent aux différents points du trajet et qui sont inscrits sur la carte. Ce mode singulier de progression des planètes n'est qu'apparent et trouve son explication dans la translation de la terre qui nous porte dans l'espace : en réalité, les planètes se meuvent d'un *mouvement uniforme*.

Que nous reste-t-il à dire sur l'observation des planètes à l'œil nu? Les planètes se mouvant sur l'écliptique ou non loin de ce cercle, doivent être aperçues la nuit vers les points du ciel qu'occupe le soleil pendant le jour; mais comme la planète peut se trouver placée au-dessous de l'horizon pendant la nuit tout aussi bien qu'au-dessus, la condition essentielle pour qu'une planète soit visible, c'est *qu'elle se trouve sur l'horizon avant le lever du soleil ou après son coucher pendant une portion quelconque de la nuit*. Le mouvement des planètes n'ayant aucune relation avec celui du soleil, nous ne pouvons en aucune façon, d'après ce que nous avons vu jusqu'ici, connaître les époques de l'année favorables à l'observation de ces astres. En raison de la régularité de leurs mouvements, on pourrait arriver toutefois à connaître ces époques par le calcul, partant d'un point de départ convenu. C'est ce qui se fait pour la lune : connaissant le *cycle lunaire, l'année qui sert de point de départ à ce cycle*, on calcule le *nombre d'or*, puis l'*épacte* ou l'*âge de la lune* pour un jour quelconque de l'année, d'où l'on déduit son *apparence* pour ce jour-là et *la position qu'elle occupe* sur le ciel.

Mais ce calcul serait pour les planètes fort long et compliqué, il ne dispenserait pas d'indications préalables fournies par un guide spécial. Nous ne pouvons donc offrir ici d'autres moyens que la consultation de l'*Annuaire du Bureau des Longitudes* (1). Cet *Annuaire*, destiné à fournir divers renseignements astronomiques qu'utilisent le commerce et la navigation, nous présente en regard de chacun des jours du calendrier de l'année, l'indication des heures de lever, de coucher et de passage au méridien de Paris, du soleil, de la lune et des principales planètes.

Or si, parcourant cet indicateur, vous comparez ces heures de lever et de coucher du soleil aux heures de lever et de coucher de chacune des planètes, vous déterminerez facilement les époques favorables aux observations de ces astres.

Ce relevé établirait, en effet, que les cinq planètes que nous avons dénommées sont visibles à d'assez nombreuses époques de l'année; mais en réalité l'observation ne sera réellement facile qu'aux jours où le soleil, à son lever et à son coucher, est suffisamment éloigné de la planète. En dehors de ces époques de choix, l'astre noyé dans les brumes de l'horizon peut être difficilement observable.

(1) L'*Annuaire* est publié chaque année par le Bureau des Longitudes de l'Observatoire de Paris, chez Mallet-Bachelier, quai des Augustins, 55. — Prix : 1 fr.

Nous indiquerons dans un instant ces époques de choix pour l'année 1864, prise pour exemple.

C'est en explorant aux époques favorables la région du zodiaque, dans laquelle se meuvent les planètes, qu'elles seront observées; il ne nous reste qu'à déterminer le plus approximativement possible la région du zodiaque qu'elles occupent à un moment donné.

Quoique les planètes soient bien plus rapprochées de nous que les étoiles, en raison de ce qu'elles ne brillent que de la lumière qu'elles empruntent au soleil, en raison de leur faible dimension, comparée aux dimensions probables des étoiles, elles ne nous apparaissent elles-mêmes que semblables à des étoiles souvent de faible grandeur, et si l'on ne connaît pas facilement la région du ciel qu'elles doivent occuper et l'apparence qu'elles doivent présenter, elles passeront facilement inaperçues.

A l'égard de Mercure et de Vénus, ces deux planètes toujours voisines du soleil, ne s'en écartant qu'à des distances restreintes, elles ne peuvent être aperçues que *le soir après le coucher du soleil, le matin avant son lever.* La place qu'occupent ces planètes est donc facilement déterminée : on les trouve vers la région de l'écliptique sensiblement éclairée par le soleil qui vient de se coucher ou qui va se lever.

Mercure a l'apparence d'une étoile de petite grandeur, toujours peu écartée du soleil, visible peu d'instant après son propre lever ou avant son coucher. Elle est donc constamment noyée dans les brumes de l'horizon, et, de plus, le *crépuscule* du soir et du matin (aurore et brume), prolongeant le jour d'une heure environ avant le lever et d'une heure après le coucher du soleil, forme un nouvel obstacle à l'observation de la planète. Mercure, en raison de ces circonstances, est rarement facilement visible, et il est nécessaire de choisir dans l'année le jour où son plus grand écartement du soleil donne quelques chances de l'apercevoir. Exemple : le 1er mai 1864, le soleil se couche à 7 h. 14 m., et Mercure à 9 h. 21 m., c'est-à-dire plus de 2 heures après; ce jour-là, la planète pourra être visible vers 8 heures du soir dans la région de l'écliptique où le soleil vient de se coucher à une élévation d'environ 15° sur l'horizon. — En compulsant les jours où la planète est *visible alternativement le matin ou le soir*, vous choisirez donc celui qui sera le plus favorable à l'observation, le jour de l'intervalle de temps le plus considérable entre le lever et le coucher des deux astres.

Vénus se trouve dans des conditions analogues, mais bien plus favorables. Elle s'écarte à certains moments du soleil d'une manière notable et s'observera *alternativement le matin et le soir*, toujours dans la région de l'écliptique qui avoisine le soleil et à une hauteur variable au-dessus de l'horizon. Au reste, Vénus a l'apparence d'une étoile extrêmement brillante, d'une lumière blanche éclatante (étoile du soir ou du berger, étoile du matin, selon les dénominations vulgaires). Le crépuscule n'empêche pas de voir Vénus; elle brille au ciel le soir avant toutes les étoiles, le matin on la voit encore distinctement lorsque l'aurore a fait pâlir les étoiles.

Exemple, en 1864 : le 1er janvier, Vénus se lève plus de 4 heures avant le soleil et sera visible le *matin*. Les mois suivants, les levers des deux astres se rapprochent, et la planète sera moins facilement visible jusqu'en juillet où le soleil se lèvera en même temps que Vénus. Complétement invisible alors, elle reparaîtra *le soir* vers le mois de septembre et sera facilement observée le 21 décembre, se couchant plus de 3 heures après le soleil.

Les trois autres planètes dont il reste à parler se trouvent dans des conditions ordinairement favorables : elles accomplissent le tour complet de la sphère avec une vitesse variable toujours inférieure à celle du soleil. A partir d'un jour où, par exemple, la planète se lèverait au même moment que le soleil, il se manifesterait dans le lever de la planète une avance constante qui, au bout d'un certain temps, amènerait l'astre à se coucher au moment où le soleil se lève; ce jour-là, la planète occuperait par rapport au soleil un point opposé du ciel (opposition); ce jour-là, à minuit, la planète traverserait le méridien vertical, pendant que le soleil est au point opposé : la planète, dans ces conditions, serait facilement observable toute la nuit. La continuation de la même avance amènera, au bout d'un certain temps, des rapports de position différents : la planète se lèvera et se couchera avec le soleil, passera avec lui à midi au méridien vertical. Dans ces conditions, l'astre planétaire est invisible (conjonction). Au contraire, l'époque favorable d'observation se trouvera dans les temps qui précèdent et qui suivent l'opposition.

Exemple, en 1864. Mars, opposition, le 14 novembre. Ce jour-là, la planète visible toute la nuit se lève lorsque le soleil se couche, se couche lorsque le soleil se lève. — Avant et après cette époque, Mars est visible une plus ou moins grande partie de la nuit pendant toute l'année.

Jupiter est en opposition le 11 mai, 8 minutes après minuit. Avant cette époque, il se lève avant le soleil; après cette époque, il se couche après, jusque vers le 8 décembre, où Jupiter se couche et se lève avec le soleil (conjonction), passant invisiblement au méridien vers midi.

Saturne présente les mêmes phénomènes d'opposition (visible) vers le 1er avril, de conjonction (invisible) vers le 11 octobre.

Connaissant ainsi par le recensement de l'*Annuaire* les moments de l'année les plus favorables à l'observation, vous trouverez facilement les planètes Mars, Jupiter et Saturne.

Le jour fixé pour l'observation, à l'heure qui vous sera la plus favorable, vous vous orientez dans un lieu propice; tournant le dos à l'étoile polaire, vous avez devant vous la région du sud, et l'écliptique AMB se

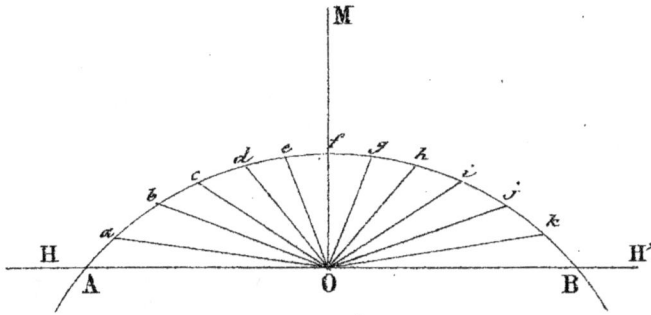

Fig 33.

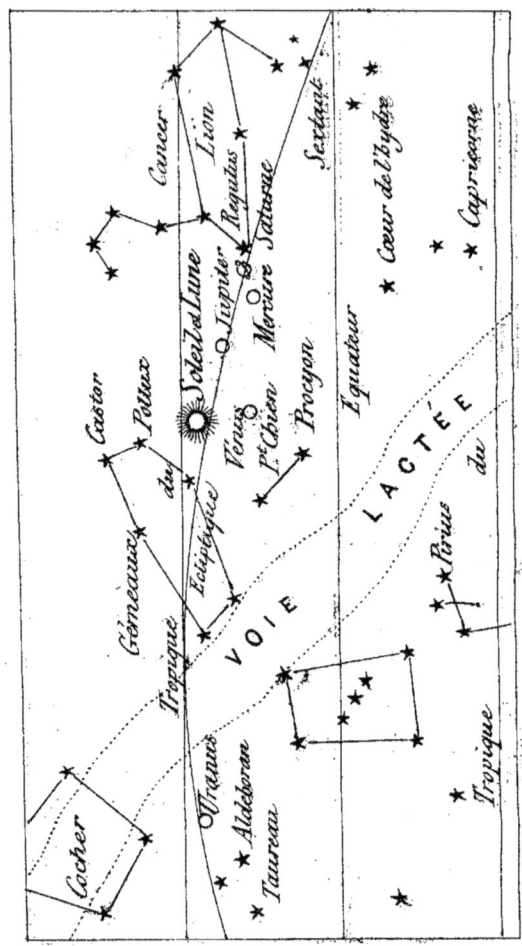

Fig. 34. Positions des Planètes pendant l'Eclipse du 18 Juillet 1860.

déroule en un arc de cercle élevé plus ou moins au-dessus de l'horizon HH' (*fig.* 33). Vous reconnaissez dans cette région des constellations zodiacales visibles à cette époque, et vous y retrouverez facilement la planète cherchée, si vous avez noté les éléments du jour : lever, coucher, passage au méridien. En effet, soient donnés pour exemple, pour une planète quelconque, les éléments suivants :

Lever........... 5 h. 3 m. soir.
Coucher........ 4 h. 47 m. matin.
Passage.......... 10 h. 53 m. soir.

Ces éléments se réduisent approximativement :

Lever........... 5 h. soir.
Coucher......... 4 h. matin.
Passage.......... 11 h. soir.

Vous voyez que la planète emploie 6 h. pour arriver de son lever à son passage méridien, 6 h. pour passer du méridien à son coucher. Élevez le méridien vertical OM, et partagez par la pensée les angles AOM, MOB en six portions angulaires égales; la planète émerge à l'orient au point A de l'horizon vers 5 h., à 6 h. elle est en *a*, à 7 h. en *b*, à 8 h. en *c*, à 11 h. en *m*, etc. Selon donc que vous vous présenterez à 5, 6, 7, etc. heures du soir, vous trouverez la planète aux points correspondants A, *a*, *b*, *c*, *d*, *e*, *f*, etc.

Enfin il suffit de connaître les apparences ordinaires des constellations zodiacales pour y distinguer les planètes lorsqu'elles s'y trouvent.

Mars est assez petit en apparence, mais d'une teinte rouge caractéristique. Jupiter est d'un grand éclat, qui égale celui de Vénus. Saturne est d'un éclat terne et plombé qui lui donne l'apparence d'une étoile de faible grandeur.

Au reste, une observation faite une seule fois pour chacune des planètes peut servir de guide pour d'autres observations : en effet, Mars emploie en moyenne 687 jours à faire le tour de la sphère céleste, c'est-à-dire un peu moins de 2 ans. Le soleil, accomplissant ce tour en 1 an, parcourt une constellation zodiacale en 30 jours, et Mars y emploiera 2 mois. Si Mars donc nous apparaît dans une constellation à un jour de l'année, on pourra approximativement déterminer à l'avance vers quel point de cette constellation ou de sa voisine il se trouvera à 30, 40, 50, etc. jours de distance. Cette détermination faite, on retrouvera la planète chaque fois que la constellation qui la contient sera visible dans le ciel de nuit.

Jupiter emploie près de 12 ans à faire le tour de la sphère, ne parcourant ainsi qu'une constellation par an. Il est dans la Balance en 1864; il sera dans le Scorpion en 1865, etc.

Saturne employant 29 ans à faire le tour de la sphère, il ne sort pas durant une année de la constellation dans laquelle il a été aperçu. Saturne ne quitte pas encore la Vierge en 1864.

La carte astronomique, bien qu'elle ne puisse indiquer la place occupée par les planètes, peut néanmoins être d'un grand secours pour les retrouver sur la voûte céleste aux moments où elles sont visibles.

A l'égard des planètes Vénus et Mercure, après avoir collationné pour chaque jour de l'année, ou pour un certain nombre (les 1er, 11 et 21 de chaque mois, par exemple), les heures de passage au méridien vertical, nous pouvons disposer le cercle mobile de manière à ce qu'il représente le ciel visible aux jours et heures indiqués : la tige transversale du cercle croisera l'écliptique en un point qui est approximativement celui du passage de la planète. Marquons en différents points d'une trace effaçable au crayon, réunissons-les par une ligne, et nous aurons le tracé de la marche de la planète pendant l'année. Nous y verrons distinctement les mouvements directs et rétrogrades alternatifs de Mercure et de Vénus.

Toutefois ce travail ne mène pas à l'observation de ces planètes, parce qu'elles passent au méridien alors que le soleil est encore sur l'horizon, tandis que ces astres ne s'observent qu'à des moments voisins de leur lever ou de leur coucher.

Au contraire, en ce qui concerne les planètes Mars, Jupiter et Saturne, comme nous les observons au voisinage du jour et de l'heure où ils sont en opposition, c'est-à-dire au méridien vertical à minuit, c'est ce point d'opposition qu'il importe d'inscrire sur la carte.

L'aiguille étant placée de manière à couper l'écliptique au point minuit pour le jour indiqué, c'est à ce point que nous figurerons au crayon la planète (sauf erreur de quelques minutes). Actuellement, pour pouvoir facilement retrouver cet astre dans le ciel, rendez-vous compte des relations de position qu'il possède avec les étoiles de première grandeur les plus voisines, et qu'il est aisé de retrouver. — Exemples : le 11 mai 1864, Jupiter passe vers minuit au méridien vertical. Indiquez la planète au point minuit de l'écliptique, vous vous rendrez compte que Jupiter, dans la Balance, est placé entre Autarès du Scorpion et l'Épi de la Vierge, plus près d'Autarès.

Le 14 novembre 1864, Mars passe au méridien à minuit. Il se trouvera dans la constellation du Taureau au-dessous du groupe des Pléiades, formant avec Aldébaran, Algol et la Chèvre un quadrilatère. La ligne de la ceinture d'Orion qui rencontre Aldébarau rasera presque la planète.

Notons enfin que si nous ne pouvons observer les planètes lorsqu'elles passent pendant le jour au-dessus de l'horizon, une éclipse du soleil nous rendrait pour l'observation les conditions d'obscurité nécessaires.

Nous reproduirons (*fig.* 34) une carte publiée par la *Science pour tous*, représentant l'apparence d'une partie du ciel au-dessus du méridien de Paris pendant l'éclipse de soleil du 18 juillet 1860.

On voit qu'à l'exception de Mars, toutes les planètes se trouvent comme à une sorte de rendez-vous, observables toutes en même temps. Dans ce ciel on peut voir le Soleil, la Lune, Mercure, Jupiter et Saturne, même Uranus, qui n'est visible qu'à l'aide des instruments grossissants.

Nous n'avons pas à parler ici des comètes ni des étoiles filantes, astres accidentels, d'irrégulière apparition et dont la marche n'est aucunement en relation avec les éléments de la sphère tels que nous les avons fait connaître. Nous ne pouvons non plus parler des satellites des planètes, tous, sauf la Lune, invisibles à l'œil nu, et nous terminerons ici cette étude du ciel visible et des apparences sensibles des mouvements célestes.

FIN

Corbeil, typ. et stér. de Crété.

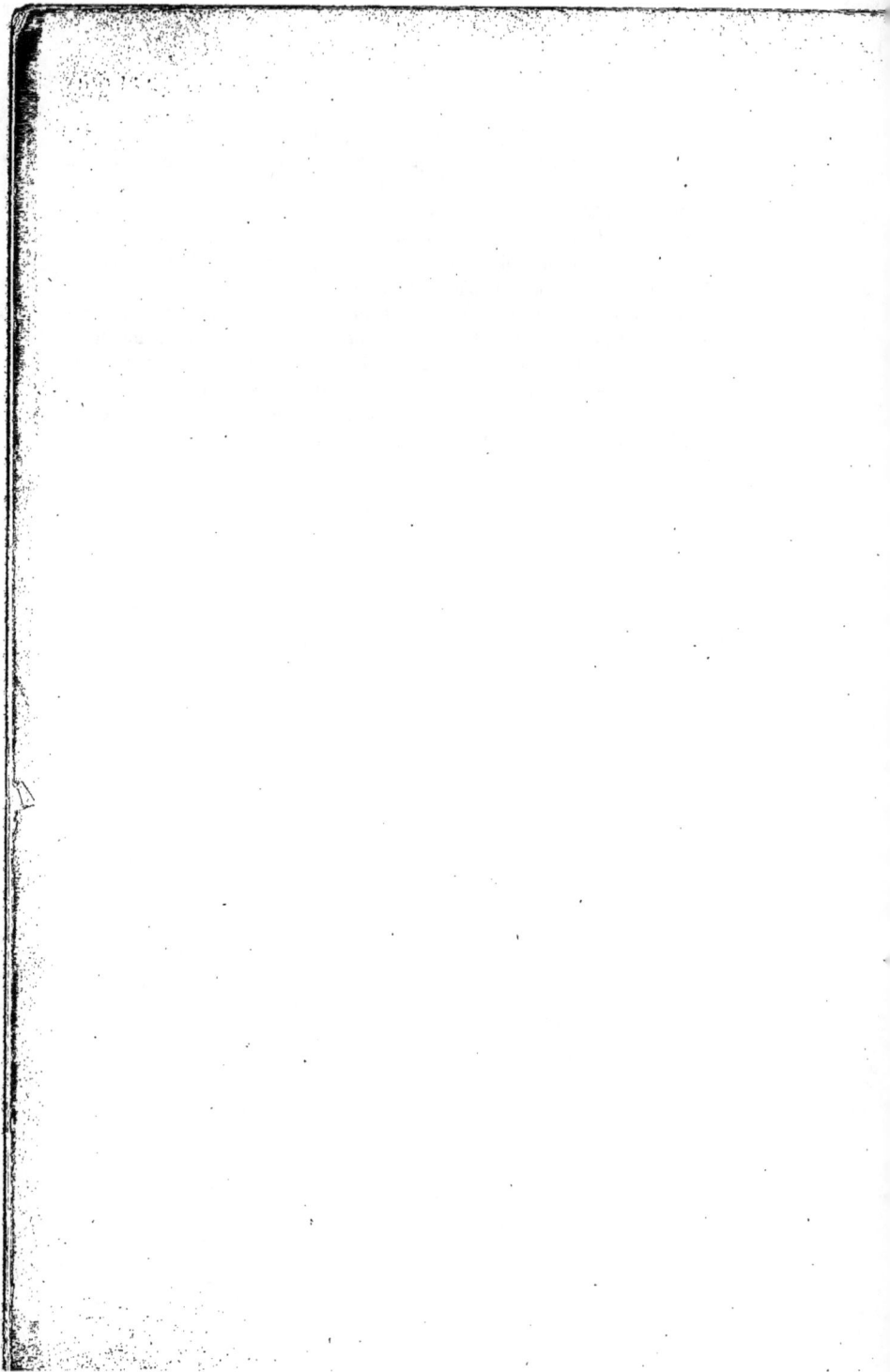

À la Carte Astronomique
de la page suivante doit être
annexé un cercle de Bois, de
Cuivre ou de Carton semblable
à la figure 29 et dont les
dimensions seront :

Grand diamètre intérieur $pn = 0,^m224$ millim.

Distance An $= 0,059^{mm}$.

Aiguille nC $= 0,125^{m.m}$.

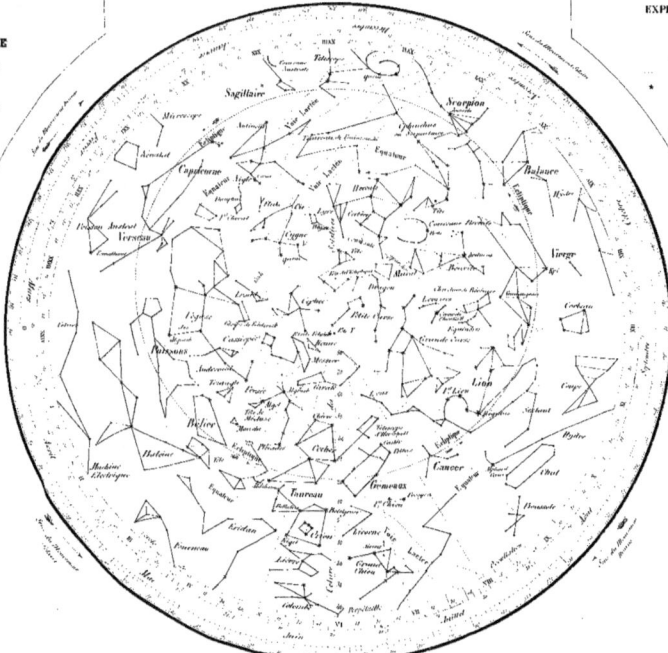

CARTE

ASTRONOMIQUE

pour connaître l'état
du ciel
à toutes les époques
de l'année.

Créteil 1861.

Lith. Gigner, E.P. Boucheau, Paris

EXPLICATION DES SIGNES

Expliquer et nombre des étoiles de constante
appellées

Cercle de l'écliptique

* Étoiles de 1ère et 2me grandeur (toiles de
1me grandeur sont accompagnées de leur distance
zéros)

• 3me Grandeur
• 4me et 5me Grandeur

USAGE DE LA CARTE

CERCLES

www.ingramcontent.com/pod-product-compliance
Lightning Source LLC
LaVergne TN
LVHW021732080426
835510LV00010B/1206